LA PUESTA EN MARCHA DE LA FÍSICA MODERNA

LAS TRES LEYES DE KEPLER DEL MOVIMIENTO PLANETARIO

El orden descubierto por Kepler

Estudiando las minuciosas observaciones de Brahe sobre Marte, Kepler consiguió determinar la forma de la órbita del planeta, y descubrió que no era circular sino elíptica; el Sol se encuentra en uno de los focos de la elipse, de modo que el planeta no se encuentra siempre a la misma distancia del Sol. Al estudiar su modelo, junto con los datos de las observaciones descubrió que el planeta viaja más rápido cuando está más cerca del Sol. Si la distancia aumenta la velocidad disminuye, y si la distancia disminuye la velocidad aumenta, de modo que hay una compensación entre distancia y velocidad, que conduce a una ley de conservación: el radio imaginario que une al Sol y al planeta barre áreas iguales en tiempos iguales, como se ve en la figura.

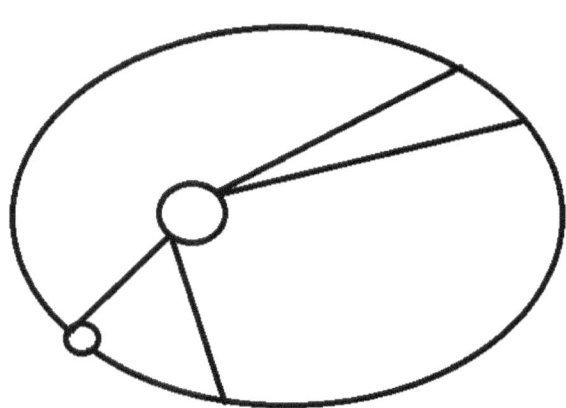

Después de varios años más de estudio, Kepler descubrió otra regularidad: Los cuadrados de los periodos de revolución de los planetas (o sea, el tiempo que tarda cada uno en completar una vuelta alrededor del Sol), son proporcionales a los cubos de sus distancias medias al Sol. Esta ley permitía establecer la escala del sistema solar, es decir, las distancias relativas entre los planetas (por ejemplo, si un planeta tarda un tiempo determinado más que otro en dar la vuelta al Sol, es porque está más alejado en una proporción que se podía calcular a partir de esta tercera ley). Como los periodos de revolución se podían observar desde la Tierra, en el momento en que se conociese la distancia entre solamente dos planetas, se podrían determinar todas las demás. Estas son las llamadas: "3 leyes de Kepler del movimiento planetario": (1) Las órbitas de los planetas en torno al Sol son elípticas, y el Sol se encuentra en uno de los focos de la elipse; (2) El radio imaginario que une al Sol y al planeta barre áreas iguales en tiempos iguales; (3) Los cuadrados de los periodos de revolución de los planetas son proporcionales a los cubos de sus distancias medias al Sol. Son leyes empíricas (es decir, descubiertas por el experimento o la observación), pero se desconocía su causa: Kepler intuyó que algún tipo de fuerza estaba implicada. Pero se necesitaba conocer más sobre el movimiento y sus causas.

LOS DESCUBRIMIENTOS DE KEPLER Y GALILEO:
Newton "a hombros de gigantes"

Isaac Newton , cuyos importantes descubrimientos fueron el fundamento principal de la física actual, dijo que si había podido ver más que otros hombres en su estudio de las leyes de la naturaleza, es porque se había apoyado en hombros de gigantes, aludiendo a los estudiosos que descubrieron las claves que condujeron a la gran síntesis que él realizó.

En la entrada anterior hemos hablado de "las leyes de Kepler del movimiento planetario", descubrimientos que fueron fundamentales para Newton.

En esta consideraremos los descubrimientos de Galileo, y en la próxima veremos cómo Newton unificó los de ambos, mostrando que eran consecuencia de las mismas leyes.

Los estudios de Galileo sobre el movimiento

El filósofo griego Parménides había enseñado que las cosas verdaderamente "reales" deberían ser inmutables, de modo que solo hay apariencia de cambio. Probablemente para explicar y reconciliar la permanencia y el cambio, Leucipo y su discípulo Demócrito, propusieron y enseñaron que todo está compuesto por átomos indivisibles e inmutables. Si cambia la ordenación de los átomos cambia la apariencia exterior, pero la "realidad" subyacente es inmutable.

Aristóteles por su parte, propuso que todo lo constituyen cuatro elementos (aire, agua, tierra y fuego). En contraste con las cosas terrenales los cielos eran inmutables y eternos, y estaban compuestos por un quinto elemento o "quintaesencia" llamada éter. Cuando Galileo enfocó el telescopio (recientemente inventado) al cielo, descubrió muchas cosas interesantes. Descubrió que en la Luna había montañas, cráteres y valles como en la Tierra. Descubrió también que había varios satélites girando en torno a Júpiter, lo que demostraba que no todo gira en torno a la Tierra, como suponía el sistema geocéntrico. Observó que Venus presentaba fases como la Luna, lo que se podía explicar suponiendo que Venus giraba en torno al Sol en una órbita más interna que la de la Tierra (ver figura).

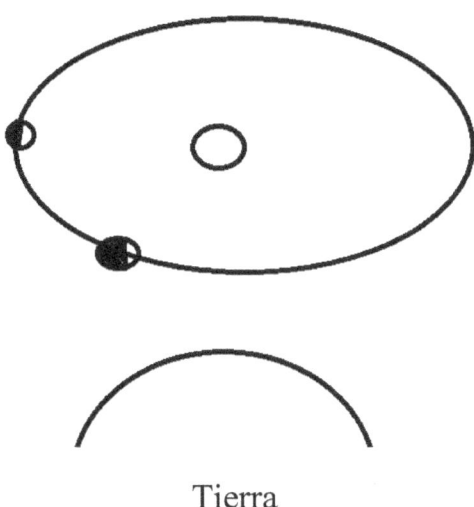

Tierra

Cuando enfocó el telescopio a la Vía Láctea vio que lo que parecía gas, era en realidad un conglomerado inmenso de estrellas. Todo parecía indicar que, como sostenía el sistema heliocéntrico, la Tierra era un planeta más en el Sistema Solar.

Pero una Tierra en movimiento tenía sus implicaciones: ¿por qué no sentimos el movimiento de la Tierra?. Hoy día esto es más fácil de aceptar que en la época de Galileo. Por ejemplo, si viajamos en avión, a veces nos parece que está casi parado. Solo sentimos el movimiento en ascensos, descensos, tal vez en virajes, o si hay turbulencias. Pero en la época de Galileo, cuando una de las formas más corriente de viajar era en carruajes tirados por caballos a través de caminos pedregosos, el movimiento sin duda se sentía. No obstante, sin dejarse llevar por las apariencias, Galileo estudió cuidadosamente el asunto.

¿Qué hace distinguir el movimiento del reposo?. Según Aristóteles los cuerpos tenían una tendencia natural a permanecer en reposo, pues se requiere fuerza para moverlos. Esta tendencia a permanecer inertes fue llamada inercia. Los elementos tenían gravedad y levedad. La tierra y el agua caían, el aire y el fuego ascendían. Según Aristóteles un cuerpo caería con mayor o menor rapidez según su composición, o sea la cantidad de elementos graves o leves que lo constituyesen.

Parecía lógico, pero Galileo hizo experimentos para comprobar si era así. Una forma de hacerlo, era dejar caer diferentes objetos y cronometrar cuánto tardan en llegar al suelo. Pero en la época de Galileo no era tan fácil medir el tiempo, puesto que no existían los relojes y cronómetros de hoy. De modo que Galileo "diluyó" la fuerza de gravedad, dejando rodar objetos por planos inclinados. Comprobó que, a diferencia de lo que se creía, todos los cuerpos caen a la Tierra con la misma aceleración. El valor de la aceleración que la Tierra imprime a los cuerpos es siempre 9,8 metros por segundo al cuadrado (el cuerpo se acelera o incrementa su velocidad en 9,8 metros por segundo en cada segundo). A veces una hoja de papel tarda más en caer, que un papel arrugado en forma de bolita, pero esto se debe solo a la resistencia del aire. Si arrugamos los dos comprobaremos que tardan el mismo tiempo en llegar.

Ese descubrimiento era una clave importante, y estaba basado en un   experimento real. Pero Galileo hizo también "experimentos mentales", imaginando situaciones ideales. Por ejemplo pensó: ¿qué experimentaría alguien que estuviese dentro del camarote de un barco sin ventanas?. Si el movimiento del barco fuese muy suave, completamente uniforme, rectilíneo, el ocupante no podría distinguir el movimiento del reposo; no sabría si el barco está quieto o se mueve. Son solo los cambios de velocidad o dirección los que sentimos, pero el movimiento rectilíneo uniforme es indistinguible del reposo.

Veremos en la próxima entrada la relación que descubrió Newton entre los hallazgos de Kepler y de Galileo, y la sorprendente unificación a la que condujo esto.

LA PUESTA EN MARCHA DE LA FÍSICA MODERNA

La unificación de Newton

Copérnico y Kepler habían descubierto que la búsqueda de simplicidad matemática era una buena guía en el estudio y comprensión del mundo. El Sistema Solar parecía complicado solo porque lo observamos desde un objeto que también se mueve. Colocando al Sol en el centro, los movimientos de los planetas se veían mucho más sencillos, y regidos por solamente tres leyes matemáticas simples y elegantes: las leyes de Kepler.

Por otra parte, los descubrimientos de Galileo nos enseñan a no dar por sentadas las cosas que consideramos "normales", a hacer experimentos, como si le hiciésemos preguntas a la naturaleza y nos dejásemos enseñar por ella. Desde niños nos acostumbramos a que ciertas cosas ocurren siempre de la misma manera (por ejemplo, los objetos que se sueltan caen hacia abajo, hacia la Tierra; hay que aplicar una fuerza para levantarlos o moverlos). Siguen una norma o patrón. Consideramos eso el comportamiento "normal" de las cosas; pero eso no significa que entendamos por qué ocurre así; simplemente lo damos por sentado: así son las cosas. Cuando investigamos para aprender más es como si estuviéramos explorando un territorio desconocido: no sabemos lo que vamos a encontrarnos. Podemos encontrar cosas que nos sorprendan, y nos resulten hasta misteriosas, en relación con lo que estamos acostumbrados a percibir, como un viajero que encuentra animales y plantas que nunca antes había visto, quizá con capacidades y comportamientos que no se hubiese podido imaginar. Aunque no entienda plenamente su funcionamiento, después de pasar tiempo allí lo considerará algo "normal". De igual manera, si descubrimos leyes nuevas y la prueba indica que esas leyes son las que se cumplen en el mundo natural, las aceptamos, aún si no las comprendemos plenamente por el momento, y mientras seguimos esforzándonos por aumentar nuestra comprensión, debemos dejar que sea el mundo natural el que nos enseñe cuál es su "norma", su funcionamiento y sus leyes.

Cuando se acumularon las evidencias de que la Tierra es esférica, algunos encontraron difícil de aceptar la idea, el hecho de que vivimos sobre la superficie de una gran esfera. Les parecía increíble que hubiese personas viviendo "cabeza abajo". Sin embargo con razonamientos semejantes a los que usó Galileo para explicar que no es posible distinguir entre el reposo y el movimiento uniforme, se puede comprender que si hay una "fuerza" de atracción dirigida hacia el centro de la Tierra, los habitantes en cualquier punto experimentan los mismos efectos. Todo lo que les rodea comparte con ellos su inclinación, en cualquier parte de la esfera terrestre, así como la dirección y sentido de la fuerza de atracción, de modo que no sienten ni perciben ningún efecto distinto al que se experimenta en cualquier otro punto del globo. Puede que los antípodas estén "cabeza abajo" con relación a nosotros, pero no están "cabeza abajo" con relación a la Tierra. Hoy día lo comprendemos y lo aceptamos como normal.

Al igual que la Tierra atrae los objetos hacia su centro, ¿pudiera haber también una fuerza dirigida hacia el Sol, que fuese responsable del orden descubierto por Kepler?. Newton analizó esta pregunta. Los descubrimientos de Galileo eran claves importantes: un sistema en reposo y un sistema en movimiento uniforme son equivalentes. De modo que hay que matizar la ley de inercia de Aristóteles, que se podría expresar así: "un cuerpo permanece en su estado de reposo a menos que actúe una fuerza sobre él". En realidad habría que ampliar esta definición así: "un cuerpo permanece en su estado de reposo *o de movimiento rectilíneo uniforme* a menos que actúe una fuerza sobre él". Según esta "ley de inercia" ampliada, un cuerpo no se resiste al movimiento sino al *cambio de movimiento*. Esto está de acuerdo con la experiencia, puesto que se requiere una fuerza no solo para mover un objeto, sino también para frenarlo, acelerarlo o cambiar su dirección. El rozamiento, por ejemplo, es una fuerza de frenado. Si reducimos el rozamiento, como en una pista de hielo, es más difícil que un objeto se frene. En el caso ideal en el que el rozamiento se redujese a cero, un cuerpo seguiría indefinidamente en movimiento rectilíneo uniforme. Es esta "inercia", o resistencia al cambio de movimiento, la que sentimos cuando vamos en un coche, cuando acelera, frena o gira. La ley de inercia así enunciada es la primera ley del movimiento de Newton.

De acuerdo con esto, un planeta seguiría en movimiento rectilíneo uniforme si no existiese una fuerza dirigida hacia el Sol, que le desvía de su movimiento rectilíneo, haciéndole de hecho "caer" hacia el Sol, aunque su distancia y velocidad evitan que se precipite contra el Sol, pero se mantiene girando en torno a él.

Cuanto mayor sea la aceleración (o cambio de movimiento) que queramos obtener, y mayor sea la masa del cuerpo, tanto mayor será la fuerza necesaria para acelerarlo. Esta es la segunda ley del movimiento de Newton, que se puede expresar así:

$$\text{FUERZA} = \text{MASA} \times \text{ACELERACIÓN}$$

Por otra parte, es un hecho, que no siempre que aplicamos una fuerza obtenemos movimiento. Por ejemplo, tal vez presionemos con nuestro dedo en una roca y ésta no se mueva; más bien la roca nos dejará unas marcas en el dedo, como si ella hubiese ejercido fuerza sobre nosotros. Así mismo, si dejamos una botella en una mesa o en el suelo, hay una fuerza que atrae la botella hacia el centro de la Tierra; sin embargo la botella permanece inmóvil, no atraviesa el suelo o la mesa. Hemos de suponer por lo tanto que la mesa o el suelo ejercen una fuerza igual y de sentido opuesto sobre la botella. Esta es la tercera ley de Newton, conocida como el principio de acción y reacción.

En resumen, podemos decir que todos los cuerpos ejercen influencia unos sobre otros mediante fuerzas que pueden modificar su estado de movimiento.

Si el Sol atrae a los planetas, y la Tierra atrae a los objetos y criaturas, parece una propiedad universal de la materia. Sin embargo aquí en la Tierra no tenemos que hacer ningún esfuerzo para evitar quedarnos pegados unos a otros. Por lo tanto la fuerza de atracción debe ser muy débil entre masas pequeñas, y aumentar con el aumento de las masas. De acuerdo con la 2ª ley de Kepler la fuerza disminuye con la distancia. Newton usó la 3ª ley de Kepler para calcular en qué proporción disminuye, y encontró que disminuye en proporción al cuadrado de la distancia. Pudo entonces expresar esta ley con una fórmula matemática sencilla:

$$F = G \cdot (M\ m/\ r^2)$$

"F" es la fuerza de atracción, "M", la masa del Sol, "m" la masa del planeta, "r" la distancia que los separa, y "G" es una constante que mide la intensidad de la fuerza entre dos masas unitarias, a una distancia unidad. Esta es la ley de la Gravitación Universal.

Como el valor de la aceleración de la gravedad en la Tierra se conocía (9,8 m/ seg.^{2}), si Newton estaba en lo cierto, se podía comparar ese valor con la aceleración de la Luna, que completa una órbita en torno a la Tierra en un mes lunar. Cómo su distancia se conocía era fácil calcular su velocidad orbital. El cálculo demostró que efectivamente, la Luna giraba alrededor de la Tierra, debido a una fuerza de atracción de la misma intensidad que la que produce la aceleración de la gravedad terrestre, reducida en proporción al cuadrado de su distancia a la Tierra. Así comprobó que la misma fuerza que hace caer los objetos a la Tierra, es la que mantiene a la Luna en su órbita.

Pudo usar las fórmulas o expresiones matemáticas de las leyes de Kepler, para comprobar si el valor numérico de la aceleración de la gravedad terrestre era el que se necesitaría para mantener a la Luna girando en torno a la Tierra, justo a la velocidad a que lo hace. La fuerza de atracción disminuye en proporción al cuadrado de la distancia, puesto que la fuerza se distribuye en torno al punto desde el que emana, entre una superficie esférica imaginaria que aumentará al aumentar el radio (siendo la fórmula de la superficie esférica, $4\pi r^2$); cuanto mayor sea el radio menos fuerza le corresponderá a cada porción de la superficie esférica (dicha fuerza variará en proporción inversa al cuadrado del radio). Obtuvo esto a partir de la 3ª ley de Kepler; comprobó así numéricamente que la Luna es atraída hacia la Tierra con una fuerza del mismo valor que la que atraía los objetos aquí en la Tierra, de modo que los movimientos celestes y terrestres se regían por las mismas leyes físicas.

Esto indicaba que las tres leyes de Kepler sobre el movimiento de los astros eran en realidad consecuencia de una sola ley, la ley de Gravitación Universal. Además los movimientos terrestres y los celestes obedecían las mismas leyes. Los descubrimientos de Kepler y los de Galileo quedaban recogidos y eran explicados por las leyes de Newton (las tres leyes del movimiento y la de Gravitación Universal).

Lo que comprobó Galileo experimentalmente, el hecho de que todos los cuerpos caen hacia la Tierra con la misma aceleración, independientemente de que su masa sea mayor o menor, tendría la siguiente explicación: es un hecho que si queremos mover una gran roca tenemos que emplear mucha más fuerza que si movemos un pequeño guijarro, de modo que cuanto mayor es la masa de un cuerpo, podemos decir que se resiste más a ser movido o acelerado. De modo que si dejamos caer un cuerpo desde lo alto hacia la Tierra, bien sea libremente, o dejándolo rodar por una rampa inclinada, la fuerza de atracción entre el cuerpo y la Tierra será mayor cuanto mayor sea la masa del cuerpo en cuestión, pero por otro lado, al ser mayor su masa también se resistirá más a ser acelerado; la fuerza de atracción entre la Tierra y un cuerpo de masa más pequeña, será menor, pero también será menor su resistencia a la aceleración, y en la misma proporción en la que disminuye su masa, de modo que ambos efectos se compensan y el resultado es que todos los cuerpos , sea cual sea su masa, caen a la Tierra con la misma aceleración.

Unos pocos principios bastaban para explicar una amplia variedad de   fenómenos. Se había conseguido una gran unificación.

La "filosofía natural" ahora se fundamentaba en "principios matemáticos", y el conocimiento fue creciendo de forma exponencial hasta llegar al entendimiento del Universo y la Tierra que se tiene hoy en día, y al desarrollo tecnológico de que disponemos hoy.

¿*Cómo se miden las distancias a los astros?*

La observación desde la antigüedad de los cielos llevó a una clasificación de lo que se observa en ellos, así como de las regularidades de sus aparentes movimientos; pero sobre la base de los descubrimientos de Kepler, Galileo y Newton, el conocimiento sobre el Universo ha aumentado a un ritmo acelerado desde entonces hasta nuestros días.

Las primeras estimaciones de las distancias desde la Tierra a los astros más cercanos se hicieron por métodos geométricos, midiendo el paralaje, el aparente desplazamiento de un objeto con respecto al fondo más lejano, cuando se le mira desde dos ángulos distintos; ese desplazamiento será mayor cuanto más cerca esté el objeto, y cuanto mayor sea la separación entre los dos lugares desde los que se le observa; ya en la antigüedad se hicieron cálculos de la distancia a la Luna, satélite de la Tierra, y por tanto el objeto astronómico más cercano.

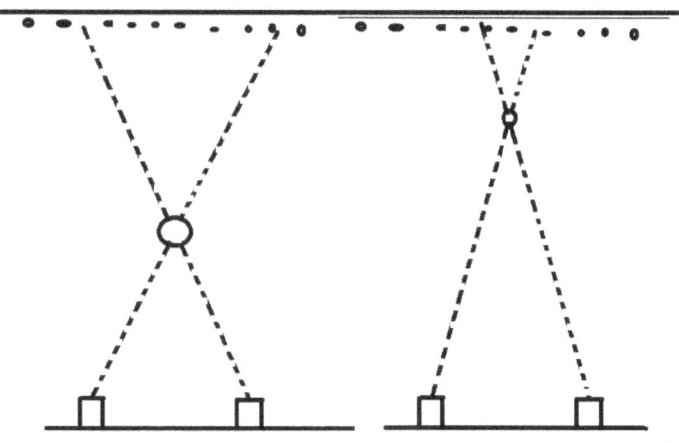

Usando las fórmulas matemáticas de los triángulos, la trigonometría, se puede calcular a qué distancia están. En tiempos más recientes se sigue usando el método del paralaje, pero muchos de los objetos están tan lejos que su desplazamiento aparente es muy pequeño o totalmente inapreciable.

Para valorar a qué distancia están se mide el brillo o intensidad luminosa con el que son percibidos desde aquí, no solo el de los que se captan a simple vista, que son pocos relativamente, sino sobre todo el de la increíble cantidad de ellos que se captan con los grandes telescopios; el brillo de un objeto que emite luz, es decir, la intensidad de la luz, va disminuyendo gradualmente cuanto más lejos está de nosotros, pues la luz emitida se va distribuyendo sobre una superficie cada vez mayor; si el astro emite su luz en todas direcciones, radialmente, la luz se distribuirá sobre el área de la superficie de una esfera imaginaria en torno al astro, y ese área será mayor cuanto mayor sea la distancia; como la fórmula para hallar el área de una superficie esférica es "4 л r²", la intensidad de la luz que emite disminuirá en una cantidad proporcional al cuadrado del radio, siendo "4 л" una cantidad constante, y el valor del radio es la distancia que nos separa del objeto; así, si supiéramos el valor real de la intensidad de la luz que emite un objeto astronómico, podríamos estimar a qué distancia está, midiendo su brillo aparente; la intensidad luminosa real se calcula por diversos conocimientos que se han obtenido en física y astrofísica, ciencia que estudia, entre otras cosas, los procesos y leyes que dan lugar a la formación y funcionamiento de los astros y agrupaciones de astros, basándose principalmente en la luz visible que nos llega de ellos, otras radiaciones que no vemos, y el conocimiento de las leyes físicas, que se ha obtenido aquí en la Tierra, sobre la materia, y la luz y radiaciones que esta emite. La "ley de desplazamiento de Wien", por ejemplo, relaciona la longitud de onda de las radiaciones con la temperatura del cuerpo que las emite: al aumentar la temperatura, las longitudes de onda se desplazan hacia valores más cortos, y por tanto frecuencias y energías mayores; en el caso de la luz visible, las frecuencias altas (longitudes de onda cortas) corresponden al extremo azul y violeta del espectro, y las frecuencias bajas al extremo rojo; se puede calcular por tanto la temperatura del Sol y las estrellas a partir de la luz y radiaciones que recibimos de esos astros.

El descubrimiento de la llamada "ley de Hubble", que condujo a la teoría del Big Bang, como consideraremos más adelante, suministra otro método para tener idea de las enormes distancias que nos separan de otras galaxias, pues dicha ley establece una relación entre la velocidad a la que se alejan las galaxias y la distancia que nos separa de ellas.

Otro método utilizado tiene que ver con un tipo de estrellas llamadas "variables cefeidas"

Las variables cefeidas
Son estrellas, cuya luminosidad aumenta y disminuye de forma periódica; las primeras se descubrieron en la constelación de Cefeo, y fueron llamadas "variables cefeidas"; como parece que la relación periodo-luminosidad es la misma en todas las estrellas de este tipo, se pueden valorar las distancias de las galaxias que contienen estrellas variables, a partir de su periodo y su brillo

aparente, comparándolo con el de estrellas variables más cercanas, cuya distancia se ha podido conocer por otros métodos . Al parecer, la razón de esta variación periódica de su brillo se debe a que pasan por fases en que la cantidad de hidrógeno de qué disponen para fusionar en helio, disminuye de tal modo que se producen otras reacciones nucleares.

¿Cómo se forman las estrellas?

Se piensa que las estrellas nacen por la agregación de materia interestelar, debida a la atracción gravitatoria; cuando las partículas se llegan a comprimir mucho, y por tanto disponen de poco espacio para moverse, los choques entre ellas elevan tanto la temperatura que se alcanza la energía suficiente para que los átomos de hidrógeno, el material más abundante, se fusionen para producir átomos de helio, generando una gran cantidad de energía, y una presión hacia afuera que compensa la atracción gravitatoria y mantendrá a la estrella brillando por millones de años, hasta que agote su combustible nuclear; cuando no haya más hidrógeno para fusionar en helio, la gravedad volverá a imperar y la estrella implosionará; pero lo que ocurre entonces depende del tipo de estrella, determinado principalmente por su masa inicial; las estrellas más grandes consumen antes su hidrógeno, porque sus reacciones nucleares tienen que compensar un tirón gravitatorio mayor.

Durante sus millones de años de vida, las elevadas presiones y temperaturas en las partes más internas de las estrellas han fusionado núcleos atómicos y generado elementos más pesados que el helio; es así como se piensa que se han producido los elementos de la tabla periódica, hasta los más pesados; además las reacciones nucleares generan otros productos, como por ejemplo neutrinos; dependiendo del tipo de estrella, los productos acumulados reaccionarán contra la implosión prolongando la vida de la estrella; algunas pasarán por una fase de mucha densidad, como las estrellas de neutrones, pero algunas terminarán en una gran explosión de supernova, que sembrará el espacio con los materiales de su interior, de los que se podrán formar nuevos sistemas estelares y planetarios.

Los astrónomos han captado la luz y otras radiaciones de estrellas de diferentes tipos, o de diferentes fases en el ciclo de vida de estrellas del mismo tipo; los espectros obtenidos, lógicamente, son distintos, y esto ha permitido clasificar las estrellas por tipos espectrales; como parece lógico que las que coincidan en tamaño y temperatura tendrán un ciclo vital similar, pasarán por las mismas fases y tendrán el mismo brillo absoluto, la obtención del espectro de una estrella lejana ya revela mucho sobre ella, pues se puede cotejar con el conocimiento que se tiene de las que pertenecen a su mismo tipo espectral. En un diagrama, conocido como diagrama de Hertzsprung-Russell, se clasifican los diferentes tipos espectrales, y según el lugar que cada una ocupe en él, se sabrá la fase en la que se encuentra.

Galaxias, cúmulos galácticos y supercúmulos

La observación ha mostrado desde hace tiempo que las estrellas, junto con los astros asociados a ellas, se agrupan en formaciones gigantescas que, en general, giran en torno a un centro común, llamadas galaxias; a su vez las galaxias se agrupan en cúmulos galácticos y estos en supercúmulos; las grandes agrupaciones que se pueden observar y detectar parecen distribuirse en formaciones semejantes a filamentos, con grandes vacíos, aparentemente, entre ellos, y también formaciones que parecen grandes murallas; en años recientes las observaciones parecen revelar la existencia de lo que se ha llamado "materia oscura", cuya presencia sería necesaria para explicar la velocidad de objetos astronómicos, que debería ser mucho menor a la observada, de acuerdo con las leyes físicas que conocemos, a menos que tal materia esté presente, y su cantidad tendría que ser bastante mayor que la de la materia visible.

¿Cómo surgió la teoría del Big Bang?

Se descubrió en las primeras décadas del siglo XX que todas las galaxias, aparentemente se están alejando "de nosotros", o más bien se alejan unas de otras, con una velocidad proporcional a su distancia (las más lejanas parecen separarse a más velocidad); esta curiosa "velocidad proporcional", cuya expresión matemática se conoce como "ley de Hubble", se entiende mejor si suponemos que se trata, no de la separación y alejamiento de objetos normal, del tipo que nos es familiar, sino más bien de la expansión o estiramiento del espacio entre ellas, el espacio que las contiene, como si este fuese una especie de "tejido" al que están adheridas, que se está expandiendo (a menudo se ilustra con un globo, cuando está siendo hinchado, con las galaxias dibujadas en la superficie del globo; supongamos que hinchamos el globo hasta duplicar su tamaño; todas las "galaxias" pintadas en él duplicarán también su separación mutua, de modo que las que estaban separadas por una unidad de longitud, ahora lo estarán por dos, pero las que estaban separadas por dos unidades de longitud, ahora lo estarán por cuatro, y así sucesivamente); la ilustración ayuda a entenderlo, pero recordando que las galaxias no están en una superficie bidimensional sino en el espacio tridimensional.

Curiosamente, pocos años antes de este descubrimiento, el físico Albert Einstein había desarrollado la teoría de la Relatividad General, en la que el "espacio" se puede estirar o encoger; si esto nos suena raro seguramente es porque estamos acostumbrados a pensar en el espacio vacío, como "la nada", pero hace tiempo que la ciencia lo considera como algo más bien "lleno" de fuerzas que existen y operan entre los objetos que percibimos, aunque las fuerzas mismas sean invisibles; esta expansión se dedujo porque el color de la luz que llega desde las galaxias, que depende de la longitud de onda de las ondas de luz, se desplaza hacia el extremo rojo del espectro luminoso; cuando un objeto que emite ondas (de cualquier clase: sonido, luz etc.) se aleja, cada pulsación se produce un poco más lejos, de modo que la distancia entre dos pulsaciones consecutivas (que es lo que mide la "longitud de onda") es mayor; por el contrario si el objeto se acerca, cada pulsación se produce más cerca de donde se produjo la anterior, y la "longitud de onda" se acorta (efecto Doppler); en el caso de la luz visible, al color rojo le corresponde una longitud de onda más larga, y el desplazamiento al rojo y la velocidad a que lo hace parece indicar que las galaxias se alejan (como la "ley de Hubble" establece una relación entre distancia y velocidad de alejamiento, la medida de desplazamiento al rojo también permite estimar la distancia de las galaxias).

En años recientes, observaciones de algunas galaxias y agrupaciones, parecen indicar que la velocidad de expansión está aumentando y ha llevado a pensar en la existencia de una "energía oscura" como impulsora de ese incremento; la cantidad de energía oscura se supone mucho mayor que la cantidad de materia, incluso incluyendo la materia oscura; esta idea de un Universo en expansión, indicaría que cuanto más nos remontemos en el pasado más cerca estarían unas galaxias de otras, y llevando la idea al límite, todo el Universo conocido tendría que haber estado concentrado en un solo "punto", desde el que comenzó su expansión, en lo que se conoce como el Big Bang.

EL MULTIVERSO: UNIVERSOS PARALELOS Y DIMENSIONES OCULTAS

Modelos de Universo

La cosmología es la ciencia que estudia la estructura, formación y comportamiento del Universo en conjunto, el Universo a gran escala; basándose en las observaciones y datos recogidos, los cosmólogos proponen y estudian diversos modelos de Universo, aplicando las leyes físicas que conocen, expresando esas leyes en forma matemática, para ver si los resultados de la operación de esas leyes, encajan con las observaciones.

Se intenta también averiguar cuál será el destino del Universo, si la expansión continuará llevando a un enfriamiento cada vez mayor, y por tanto a una muerte térmica (Big Freeze, o Gran congelación), o si por el contrario la expansión se detendrá e invertirá llevando a una Gran implosión (Big Crunch).

El estudio cuidadoso, desde el punto de vista teórico, del modelo cosmológico estándar del Big Bang, y el intento de solucionar las cuestiones que se plantean en él, así como de encajar también las nuevas observaciones, junto con sugerencias que provienen de diversas teorías en las que se estudia la materia a nivel subatómico, ha llevado a suponer que tal vez el Big Bang no fue único, y por diversos caminos, y en diversas teorías, se propone la existencia de otros "universos", que compondrían lo que actualmente se denomina el "multiverso".

La existencia de "universos paralelos" se propuso como una interpretación de la teoría cuántica, la interpretación de "muchos mundos" de Hugh Everett, posterior a la interpretación inicial, llamada "la interpretación de Copenhague", por el papel predominante que desempeñó en ella el físico danés Niels Bohr. En la teoría cuántica un sistema físico, que puede ser una sola "partícula", o pueden ser muchas, debe ser descrito por una "función de onda"; la "función de onda" de un sistema de muchas partículas contiene todas las posibles configuraciones en que se puede hallar el sistema al efectuar una observación o medición, de modo que contiene configuraciones que forman aparatos de laboratorio, gatos, observadores y Universos enteros. Según la interpretación de Copenhague, cuando se hace una observación o medición, solo una de las alternativas contenidas en la "función de onda" se realiza (llega a ser real); según la interpretación de "muchos mundos" se realizan todas, en diferentes "universos" que coexisten pero no se perciben mutuamente.

Pero otras teorías también han conducido a pensar en la existencia de otros tipos de "universos".

Más allá del modelo estándar de la física de partículas, se ha llegado a teorías como la teoría de cuerdas, supercuerdas y teoría M; más adelante veremos cómo surgieron estas teorías, pero por ahora solo hablaremos de por qué han conducido a la idea de un "multiverso"; en estas teorías las partículas elementales no son consideradas como "puntos"; se considera que tienen una longitud diminuta, y por eso se las llama "cuerdas"; para conservar ciertas simetrías que se consideran esenciales en física, estas teorías tienen que incluir en sus fórmulas algunos términos que compensan "anomalías" que surgen en ellas y conducen a que una simetría esencial no se mantiene, cuando las restricciones impuestas por la teoría cuántica se aplican a las cuerdas (cuando se cuantizan las cuerdas); tales términos tienen un efecto compensador en las fórmulas, y la simetría requerida se recupera; como veremos más adelante, tales cantidades compensadoras se pueden considerar de diferentes maneras; puede pensarse que representan "partículas" o "campos", que la teoría sugiere que deberían existir, pero que aún no han sido descubiertos; en la historia de la ciencia esto ha ocurrido a veces; por ejemplo la existencia del neutrino se predijo teóricamente antes de que fuera descubierto; en un tipo de desintegración radiactiva parecía violarse la ley de conservación de la energía, y Wolfgang Pauli propuso que la energía que aparentemente faltaba, tal vez correspondía a que en el proceso podría estar presente una partícula, que por carecer de carga eléctrica y tener una masa muy pequeña no era detectada; si se incluía esa partícula la ley de conservación se mantenía; el neutrino fue descubierto posteriormente.

Los "campos" adicionales a los que se recurre en la teoría de cuerdas se pueden considerar como magnitudes escalares; un "campo escalar" puede ser, por ejemplo, la temperatura, puesto que se puede especificar una distribución de temperaturas en una región, dando solamente un número en cada punto de la región, que indica el valor de la temperatura en ese punto, tal como es indicada por un termómetro provisto de una escala de temperaturas (de ahí la palabra "escalar"); pero hay otros "campos" que requieren más de un número para ser especificados, por ejemplo los "campos vectoriales"; un campo de fuerza eléctrica o gravitatoria tiene, en cada punto de la región en que se encuentra, un valor especificado por un vector; los efectos de las fuerzas dependen no solo de su magnitud, sino también de la dirección y sentido en que actúan, de modo que para especificar un "campo vectorial" se requieren tres números en cada punto del espacio; dando el valor de las tres coordenadas o componentes del vector; referidas a un sistema de tres ejes perpendiculares entre sí, tanto la magnitud, como la dirección y sentido del vector en el espacio tridimensional, quedan plenamente especificadas.

Como un campo escalar es un campo de una sola componente, la introducción de cada "campo compensador" que se hace en la teoría de cuerdas, puede considerarse como la introducción de alguna "magnitud escalar", pero también puede considerarse como que se ha añadido una "componente" adicional al "espacio" en el que "viven" las cuerdas, y por lo tanto una "dimensión" o "grado de libertad" adicional; si los objetos físico-matemáticos de esta teoría (originalmente las "cuerdas"), disponen de grados de libertad adicionales, tales grados de libertad también pueden efectuar el trabajo de compensación requerido, como si esas "dimensiones extra" cancelaran el efecto no deseado de los términos que dan lugar a las "anomalías"; en un "espacio" con más "dimensiones" tales efectos pueden disiparse y cancelarse en ellas; de modo que originalmente se consideró que la teoría era consistente si se desarrollaba en un espacio con más dimensiones que nuestro espacio físico tridimensional, o el espacio-tiempo de cuatro dimensiones de la teoría de la relatividad; para explicar por qué no percibimos esas dimensiones extra se supuso que podían estar compactadas en formas geométricas muy diminutas, espacios compactos; si fuese así la geometría de esos espacios en los que se mueven y vibran las cuerdas determinaría el comportamiento y características físicas de estas; pero las matemáticas predicen muchas más posibles geometrías que las que se requieren para explicar el mundo que conocemos, de modo que también en esta teoría podrían existir "universos" o "mundos" con otras propiedades, como parte del "multiverso"; también se estudian modelos con dimensiones extra grandes, y sus posibles consecuencias y efectos (D-branas, etc.).

Otras teorías, motivadas principalmente por resolver los problemas matemáticos que aparecen cuando se intenta unir la relatividad general con la teoría cuántica, han llevado a proponer diversos modelos cosmológicos.

Cuestiones como la de cómo pudo generar el Big Bang la uniformidad observada actualmente, llevaron a Alan Guth a proponer una inflacción muy acelerada al principio, y esto también lleva a pensar en la posible generación de otros "universos".
La fuerza que impulsa la expansión es relacionada por los cosmólogos con la llamada "constante cosmológica", cuyo valor debe estar muy finamente ajustado para la expansión que se observa.

DE NEBULOSAS A GALAXIAS: se amplía el tamaño del universo

Nuestra Galaxia: la Vía Láctea

Desde las primeras observaciones de Galileo con el telescopio se apreció que esa mancha blanquecina que cruza el cielo, conocida desde la antigüedad como la "Vía Láctea" o "La Galaxia" (derivado de la palabra griega "galaktós": "leche" o "de aspecto lechoso") era realmente una gran acumulación de estrellas, y actualmente está considerada como uno de los brazos espirales de la galaxia en que se encuentra el Sol y su sistema.

Se planteó si muchas de las llamadas nebulosas que se conocían no serían también agrupaciones de estrellas, y no solo nubes de polvo y gas; el asunto se resolvió en las primeras décadas del siglo XX, cuando el uso de telescopios cada vez más grandes permitió apreciar estrellas individuales en ellas; muchas de las "nebulosas" eran realmente galaxias, agrupaciones de millones de estrellas, y actualmente se considera que hay millones de ellas en el Universo observable, agrupadas a su vez en cúmulos galácticos y supercúmulos.

Se considera que la galaxia a la que pertenece el Sol, la Vía Láctea, forma parte del llamado "grupo local", del que también forman parte la galaxia de Andrómeda y las Nubes de Magallanes. Las estrellas se acumulan más en el centro de las galaxias; en el caso de la Vía Láctea se considera que su parte central está en una zona donde hay gran cantidad de cúmulos globulares de estrellas, mientras que el sistema solar está en uno de sus brazos espirales.

LA REFRACCIÓN DE LA LUZ: Fuente de belleza y de conocimiento

La refracción de la luz

El fenómeno de la refracción de la luz nos ofrece muchas veces bonitas imágenes, como por ejemplo, cuando el arco iris se despliega en el cielo, o se usan prismas de vidrio como ornamento de lámparas y otros objetos, y vemos las irisaciones y el despliegue de colores que se produce en ellos.

Pero este fenómeno físico ha desempeñado además un papel muy importante en el conocimiento del Universo y la materia, dando lugar a la ciencia de la espectroscopía, que ha permitido obtener conocimientos tales como la composición de las estrellas y la estructura atómica y molecular.

Debido al importante papel que el fenómeno de la refracción de la luz (y otras radiaciones) ha desempeñado en la investigación de la materia y la energía, vamos a considerar brevemente su explicación. Cuando la luz visible atraviesa un prisma de vidrio, entrando por una cara del prisma orientada oblicuamente a la dirección de propagación del rayo luminoso, aparecen separados los diferentes colores que componen la luz blanca; este es un fenómeno familiar que muchos habrán observado, y es semejante al arco iris, donde las diminutas partículas de agua de la atmósfera actúan como pequeños prismas.

De modo que la luz blanca se divide o refracta en los colores que la componen; la razón de esto es que la luz viaja a una velocidad menor dentro del vidrio, y al entrar en él, experimenta un frenado, tal como, por ejemplo, le ocurriría a una persona que estuviese avanzando por el agua, y se topase de repente con una zona donde hay mucho lodo disuelto; el aumento en la densidad del medio le haría ir más despacio. En el caso de las ondas de luz, su interacción con las partículas del vidrio tiene un efecto semejante.

Si el "frente de onda" está orientado oblicuamente con relación a la cara del prisma por donde entra, una parte del "frente" entra primero en el vidrio y es frenada, mientras que el resto del "frente de onda" sigue avanzando a su velocidad normal, y eso es lo que hace que se desvíe en un ángulo determinado que depende de su frecuencia.

Se puede entender fácilmente con algunos ejemplos; imaginemos un automóvil que avanza por una carretera asfaltada, pero llega un momento en que la parte asfaltada termina y tiene que avanzar por un tramo de camino de arena espesa, donde las ruedas avanzan con dificultad; imaginemos que la línea donde termina el asfalto y empieza el camino de arena es oblicua, de manera que la rueda derecha entra primero en la parte arenosa, pero la rueda izquierda dispone todavía de un tramo de asfalto; la rueda derecha se frenará mientras que la izquierda seguirá avanzando a velocidad normal, de modo que se adelantará respecto a la rueda derecha, y el vehículo entero se desviará de la dirección recta, y lo hará tanto más cuanto mayor sea la velocidad a la que viajaba por el tramo asfaltado.

Algo parecido ocurriría si a una persona que fuese corriendo por la calle, le sujetásemos el brazo derecho para detenerla; su lado izquierdo seguiría avanzando un poco, y la persona haría un giro hacia la derecha.

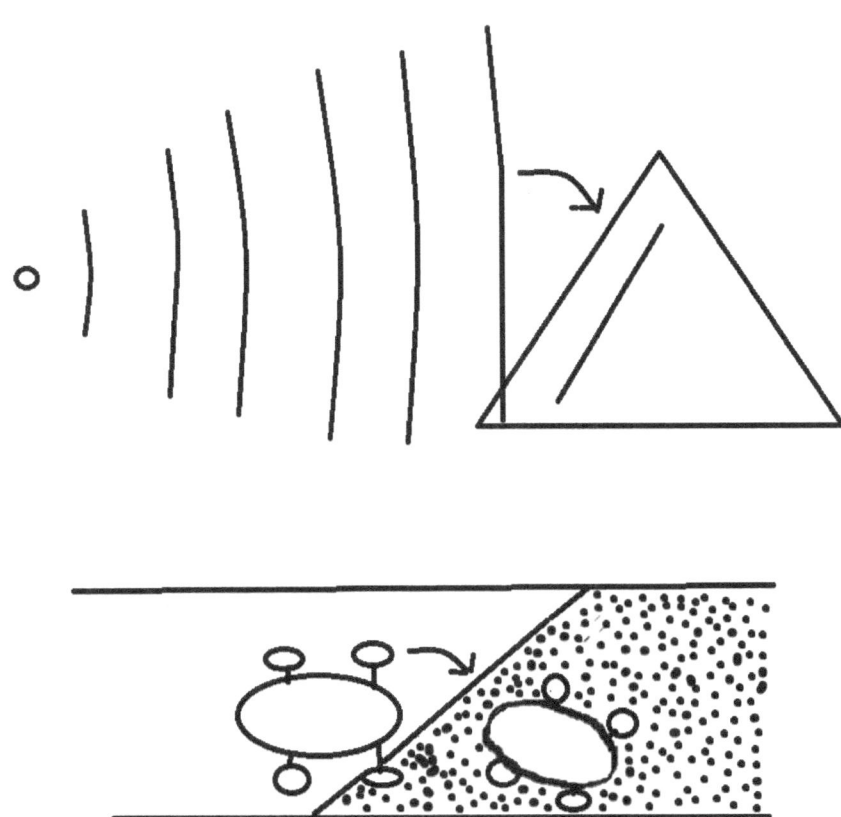

Eso es lo que ocurre cuando la luz entra oblicuamente en un medio en el que viaja más despacio; además, aunque la velocidad de las ondas de luz es la misma para todas las frecuencias, las longitudes de onda más cortas repiten su ciclo oscilatorio con más rapidez que las longitudes de onda más largas, sus frentes de onda están más cercanos entre sí, y cada uno va más rápido que los frentes de onda de las frecuencias más bajas, y por tanto se desvían más; así las diferentes frecuencias se desvían en un ángulo distinto, y como cada frecuencia corresponde a un color, podemos ver el espectro completo de colores. Las frecuencias más altas (longitudes de onda más cortas) corresponden al violeta, en el caso de la luz visible, y las más bajas al rojo.

Este fenómeno ha resultado ser de muchísima utilidad para el estudio del mundo físico, debido a que cada sustancia tiene su espectro característico. La luz visible y las demás radiaciones salen de la materia, de los átomos y moléculas cuando están a la temperatura suficiente, o cuando reflejan o emiten la que reciben de otra fuente, o parte de ella. Las características de la radiación que emiten átomos y moléculas dependen de su constitución y sus diversos estados energéticos internos. De modo que el análisis de tales radiaciones, incluyendo la luz visible, aporta muchísima información sobre la fuente de la que provienen, y ha sido fundamental para físicos, químicos, astrofísicos, biólogos moleculares y otros científicos en su estudio de la estructura interna de la materia.

El fenómeno de la refracción también ha permitido construir instrumentos ópticos como el telescopio y el microscopio, pues dando a las lentes la forma adecuada, se pueden desviar los rayos de luz que emite un objeto, de tal forma que se consiga una imagen aumentada, y esto ha permitido estudiar tanto los astros como el mundo microscópico.

¿Cómo se midió la velocidad de la luz?

El astrónomo Olaf Roëmer pudo hacer un cálculo de la velocidad de la luz en el vacío, cuando se dio cuenta de que los eclipses de los satélites de Júpiter, cuando estos se ocultan tras el planeta al observarlos desde la Tierra, se producían con un retraso determinado al observarlos seis meses después, cuando la Tierra se encontraba más alejada de Júpiter, al estar en el otro extremo de su órbita en torno al Sol; atribuyó ese retraso al hecho de que la luz que llegaba desde Júpiter y sus satélites, tenía que recorrer una distancia mayor, y como tal distancia era conocida pudo hacer el cálculo.

Posteriormente, Fizeau ideó varios dispositivos para medir la velocidad de la luz aquí en la Tierra. Uno de ellos consistía básicamente en una rueda dentada giratoria que se interponía en la trayectoria de un rayo de luz reflejado desde varios kilómetros. Si el rayo pasaba entre un diente y el siguiente era visible, pero si topaba con uno de los dientes era interceptado. Midiendo la velocidad que había que dar a la rueda para que el rayo fuese interceptado podía calcular la velocidad de la luz.

Además de estas mediciones experimentales, cuando Maxwell formuló matemáticamente las leyes del electromagnetismo, apareció en sus fórmulas este mismo valor para la velocidad de las ondas que predecía su teoría; se supo así que las ondas de luz son ondas electromagnéticas.

¿Cómo se formó el Sistema Solar?

Hoy se piensa que el Sistema Solar se pudo formar a partir de una nube inicial de gas y polvo interestelar que colapsó por acción de la gravedad, y tomó una forma de disco debido a su rotación (se ha sugerido también que la explosión de una supernova pudo crear una onda de presión que contribuiría a la concentración de materia) ; la mayor parte de la materia se concentraría en la zona central para dar origen al Sol, y el resto seguiría girando en torno a él; la gravedad, principalmente, a su vez haría que se fuesen uniendo entre sí diminutas partículas, formando agregados de materia cuyo tamaño se iría acrecentando cada vez más; este proceso de acreción sería el origen de los planetas y demás objetos del sistema; esta propuesta concuerda con el hecho de que, actualmente, los planetas del sistema solar, giran en torno al Sol, aproximadamente en el mismo plano orbital, y con pocas excepciones (quizá debidas a impactos de meteoritos u otros objetos), giran en el mismo sentido; además de los planetas Mercurio, Venus, La Tierra, Marte, Júpiter, Saturno, Urano y Neptuno, y sus respectivos satélites, hay muchos otros cuerpos de menor tamaño (Plutón era considerado un planeta más del sistema, pero actualmente no se le incluye como tal); entre Marte y Júpiter está el cinturón de asteroides; además también forman parte del Sistema Solar el cinturón de Kuiper, el "disco disperso" y en la parte más exterior, como si envolviera a todo el sistema , la nube de Oort; desde las zonas exteriores lejanas llegan periódicamente cometas, astros que giran en torno al Sol en órbitas muy excéntricas.

GEOLOGÍA I : La Tierra en el comienzo

Las ideas que se tienen sobre la formación del sistema solar, de las que hemos hablado en otra entrada, indican a su vez como se formó la Tierra, y dan idea del estado inicial del planeta, que se combinan con los estudios de los geólogos, para intentar reconstruir su historia y las diversas etapas por las que ha pasado a lo largo de ella.

De acuerdo a lo explicado sobre cómo se cree que se formó el sistema solar, al comienzo de su historia la Tierra distaba mucho de ser un lugar adecuado para la vida en general, tal como la conocemos actualmente; al principio tuvo que ser un lugar muy caliente, debido a su formación por acreción, y al abundante e intenso choque con otros materiales del sistema solar en formación; el interior de la Tierra en la actualidad sigue siendo muy caliente; parece que hubo periodos de "bombardeo intenso"; también parece haber evidencia, a partir de hallazgos de fósiles en diversos estratos, de que hubo varias extinciones masivas de vida en la historia de la Tierra.

En 1785 James Hutton presentó su "Teoría de la Tierra", en donde expuso su idea de que, para que se formaran los diferentes estratos que se observaban por todo el planeta (capas diferenciadas y superpuestas una sobre otra, que se observan en la corteza terrestre), por un lento proceso de sedimentación (o acumulación de materiales procedentes de los procesos erosivos), se requeriría mucho tiempo, mucho más del que hasta entonces se suponía en general, en la escala de millones de años; propuso la idea de que los rasgos que se observan hoy, son el resultado de un lento y continuo proceso, y no de grandes catástrofes puntuales (catastrofismo), idea apoyada también por Charles Lyell.

El tiempo geológico

Los geólogos y paleontólogos estudian los estratos y los fósiles que se hallan en ellos y proponen una división de las fases de la historia de la Tierra, en Eras y periodos; varios geólogos británicos del siglo XIX dieron nombre a estas divisiones y subdivisiones, aunque posteriormente el hallazgo de nuevos fósiles llevó a añadir y nombrar algunas más, principalmente en el periodo llamado "precámbrico", y algunos nombres han variado de acuerdo con los conocimientos obtenidos.

El eón criptozoico (del griego "vida oculta"), se divide en la "era arqueozoica" (vida antigua) y la "era proterozoica" (vida anterior); le sigue el eón fanerozoico (vida visible); entre el criptozoico y el fanerozoico, el registro fósil presenta un corte tajante, lo que ha llevado a pensar en alguna extinción masiva, debida tal vez a algún fenómeno geológico o astronómico que afectó seriamente a la Tierra.

Con el comienzo del fanerozoico termina la era precámbrica, a la que se atribuye una duración muy extensa, desde hace 4500 millones de años hasta hace unos 590 millones de años.

El fanerozoico se divide en tres grandes eras: Paleozoica (del griego "vida antigua"), Mesozoica (vida intermedia), y Cenozoica (vida reciente).

Cada era se subdivide en periodos; la era Paleozoica abarca los siguientes periodos (de más antiguo a más reciente): Cámbrico, Ordovícico, Silúrico, Devónico, Carbonífero y Pérmico; los nombres que han recibido provienen principalmente del lugar donde se hallaron por primera vez los estratos y fósiles correspondientes a cada periodo; Cambria era el nombre que los romanos daban a Gales; los ordovicios y los silures fueron tribus antiguas de Inglaterra; el periodo devónico se identifica con Devon o Devonshire, también en Inglaterra; el carbonífero, como su nombre indica, se caracteriza por estratos con abundancia de carbón, y el pérmico fue identificado en la región de Perm, en Rusia.

La era Mesozoica se subdivide en los periodos Triásico (puesto que fue identificado por un geólogo alemán en tres capas de estratos), Jurásico (por los montes del Jura en Francia, donde se identificó el periodo), y Cretácico (caracterizado por depósitos de caliza o creta).

La era Cenozoica abarca los periodos que fueron también llamados era Terciaria y Cuaternaria. Dentro de algunos de los periodos considerados se hacen a su vez otras subdivisiones, como Pleistoceno (primer periodo de la vida cuaternaria, Mioceno (cuarto periodo de la era terciaria, entre el Oligoceno y el Plioceno), etc.

La Tierra en el comienzo

En una fase temprana, el planeta debió poseer ya una gran cantidad de agua, que debido al intenso calor estaría primero en estado gaseoso, y a medida que la Tierra se fue enfriando, pasó al estado líquido, cubriendo al parecer todo o casi todo el globo; se propone que este agua pudo llegar en los meteoritos que caían continuamente en los periodos de bombardeo intenso, pues se encuentran pequeñas cantidades de agua helada en los que llegan en la actualidad, así como aminoácidos y otras sustancias, precursoras de la vida que conocemos aquí; el calor, todavía intenso, debió mantener una densa envoltura de vapor de agua y otros gases alrededor del planeta, pero esa atmósfera primitiva tendría una composición distinta de la actual.

Ya que se piensa que los elementos de la tabla periódica se forman en el interior de estrellas que después los esparcen en explosiones de supernova, muchos materiales ya tuvieron que estar presentes en la nube original de la que se formó el sistema solar; ese ambiente no permitía todavía la vida de organismos complejos; sin embargo algunos microorganismos pudieron tal vez vivir en una fase temprana, especialmente si vivían en el agua, para estar más protegidos de la intensa y letal radiación que impregnaba el sistema (en la actualidad se han encontrado microorganismos que viven en las chimeneas volcánicas submarinas, a elevada temperatura y en un ambiente químico que sería letal para otras formas de vida; son los llamados termófilos; otros microorganismos, en el extremo opuesto, viven en entornos de temperatura muy baja; se conoce a todos estos, en general, como "extremófilos").

Se han hallado fósiles de estomatrolitos, estructuras minerales depositadas por cianobacterias, microorganismos que pudieron vivir en aguas poco profundas y cuyo metabolismo generaba oxígeno que iría cambiado la composición de la atmósfera.

GEOLOGÍA II: Orogénesis, la formación de las grandes cordilleras

La orogénesis (de "oros", montaña en griego), estudia los procesos de formación de montañas y cordilleras; los plegamientos de diversas formas que se aprecian en las diferentes capas o estratos son como un registro de los movimientos que han configurado el relieve; el proceso continuo de erosión y sedimentación da lugar a la formación de geosinclinales en los lugares de los fondos oceánicos donde se van acumulando los sedimentos, y el peso añadido origina hundimientos y levantamientos, pero se cree que otros procesos poderosos que se atribuyen a la elevada temperatura interna del planeta, juegan un papel muy importante en la configuración del relieve y la formación de las cordilleras; los geólogos reconstruyen a partir del estudio de todos los datos que pueden obtener, la historia de la formación de los sistemas montañosos, las grandes Orogenias, y los procesos continuos que siguen operando actualmente.

Se considera que la Orogenia Caledoniana, estuvo en operación desde el Cámbrico medio hasta el Silúrico medio; la Orogenia Herciniana (o Varisca; Hercynia era el nombre antiguo de las montañas del centro de Alemania y Checoslovaquia) se sitúa desde finales del Devónico hasta finales del Pérmico, y la Orogenia Alpina, desde el Triásico hasta nuestros días.

GEOLOGÍA III: El ciclo de Wilson y los supercontinentes

La deriva continental

Hacia 1912, Alfred Wegener, al observar la similitud entre la costa occidental de África y la costa oriental de Sudamérica (que al parecer ya había llamado la atención antes), propuso la idea de la "deriva continental", el hecho de que los continentes se desplazan lentamente, alejándose o acercándose; en un tiempo los actuales continentes pudieron formar una sola masa de tierra, que después se disgregó lentamente, lo que explicaría la notable similitud entre las líneas costeras mencionadas; los hallazgos de estratos y fósiles similares en lugares separados actualmente por grandes océanos parecían confirmar esta idea; de este supercontinente, llamado Pangea ("toda la tierra", en griego), se originarían los actuales: la parte norte, a la que se llamó Laurasia, daría lugar a las actuales Norteamérica, Europa y Asia, mientras la parte sur, llamada Gondwana (derivado de una región de la India habitada por la etnia Gond), daría lugar al resto.

¿Cómo se conoce la composición interna del planeta?

La capa más externa de la Tierra, tiene un espesor medio relativamente pequeño , en comparación con el radio terrestre (de más de 6000 km); aunque no se ha podido llegar a mucha profundidad, en comparación con el radio terrestre, los geólogos pueden deducir la composición del interior de la Tierra, a partir de los datos obtenidos por los sismólogos: la velocidad de las ondas sísmicas de los terremotos, que se registran en los sismógrafos, sirve para deducir los materiales por los que se transmiten, pues la velocidad de las ondas depende del material por el que se propagan; de acuerdo con esto se deduce que la Tierra se compone de núcleo, manto y corteza; en el núcleo se concentran los materiales más pesados, y se encuentra a elevada temperatura; se calcula que en el centro es de unos 5000°, casi tan caliente como las partes más externas del Sol; se considera que gran parte del calor es consecuencia del bombardeo intenso y las colisiones con otros fragmentos del Sistema Solar cuando este se estaba formando; envolviendo al núcleo se encuentra el manto, y por encima de éste la corteza; a medida que el Sistema Solar se iba estabilizando, los impactos de asteroides disminuirían y la corteza podría liberar calor al espacio enfriándose progresivamente; pero el interior de la Tierra es aún muy caliente, y gran parte de ese calor proviene de la descomposición de los elementos radiactivos que contiene.

La Tectónica de placas

Se han hallado cratones con abundancia de granito, un mineral relativamente ligero, en diferentes partes de la Tierra. Un cratón es una antigua roca flotante lo suficientemente ligera como para no hundirse en el manto. Se cree que formaron el núcleo de los primeros protocontinentes, a los que se iba añadiendo material a medida que otras rocas más pesadas se hundían en el manto, donde sus minerales se fundían, dando lugar a magma granítico que ascendía a la superficie.

Actualmente se considera que la litosfera comprende la corteza más la parte rígida del manto superior, formando un conjunto discontinuo y rígido, fragmentado en grandes placas que se mueven sobre la astenosfera (aunque se han propuesto ideas alternativas a esta). Se considera que la profundidad de la astenosfera oscila entre los 70-150 km, según las zonas de la Tierra; se supone constituida por materiales próximos a la fusión, pero muy viscosos, lo que permite que, pese a ser sólida, en una escala temporal grande puede fluir lentamente, tal como un glaciar bajo la acción de un campo gravitatorio.

En la actualidad la Tectónica de Placas (de una palabra griega que alude a la construcción) se considera el proceso principal por el que se "construyen" o forman los rasgos de la Tierra, incluidos el relieve y las cordilleras; actualmente la velocidad a la que se desplazan los continentes se puede medir por GPS, y las diferentes placas tectónicas y sus límites o fronteras se han podido localizar, en exploraciones geológicas y oceanográficas; el relieve de los fondos oceánicos se ha podido explorar y cartografiar, por inmersiones y sondeos, y utilizando, por ejemplo, barcos equipados con sonar, que pueden medir el tiempo empleado por las ondas emitidas desde el barco, y reflejadas de nuevo desde el fondo, y otras tecnologías; el descubrimiento de la expansión y continua renovación del suelo oceánico se considera evidencia que apoya la teoría de las placas tectónicas.

En medio de los grandes océanos hay grandes cordilleras submarinas que los recorren de norte a sur, como la dorsal centroatlántica y la dorsal media del Pacífico; las cimas o partes más elevadas de muchas de estas dorsales están fragmentadas y por ellas sale continuamente material procedente del manto, que asciende por su elevada temperatura y renueva el suelo oceánico; como la superficie del planeta se mantiene constante, la continua formación de nuevo fondo oceánico es compensada por el material que vuelve al manto; en las zonas de subducción en los bordes de las placas, donde el borde de una se hunde por debajo de la otra, continuamente se va perdiendo material que cae hacia el interior; el material que se pierde vuelve a calentarse en el interior y asciende de nuevo en un ciclo continuo de renovación; de modo que el proceso que moldea el relieve de la Tierra, no es solo el ciclo de erosión y sedimentación.

Por ejemplo, se piensa que todo el gran sistema del Himalaya, que incluye las grandes cordilleras del Hindukush, Karakorum e Himalaya, se formó por el choque de la placa india con la placa asiática, a la que quedó unida; evidentemente los choques de las placas, incluso aunque en general haya subducción, y parte de una placa se hunda bajo el borde de otra, deben liberar una energía tremenda, que da lugar a la formación de grandes cordilleras; se piensa que los Pirineos se formaron también por el choque de la placa ibérica con la euroasiática, que cerró lo que entonces era el mar de Tetis; la gran cordillera de los Alpes, y otros sistemas montañosos de Europa y Asia tuvieron su origen también en esos desplazamientos de las masas de tierra desde el sur hacia la placa euroasiática, junto con posteriores procesos geológicos; la cordillera de los Andes y los grandes sistemas montañosos del oeste de Norteamérica, se sitúan donde la placa del Pacífico limita con las placas del continente americano; las zonas donde limitan las placas son generalmente zonas de alta actividad sísmica y volcánica; todo el borde de la placa del Pacífico, se sitúa a lo largo de la costa occidental de América, y continúa por toda la costa oriental de Asia, formando lo que se llama el anillo o cinturón de fuego del Pacífico.

Se han hallado fósiles de criaturas marinas en el Gran Cañón del Colorado, de modo que esa zona debió estar próxima al mar en algún tiempo; se cree que, como consecuencia del choque con la placa del Pacífico, la placa Norteamericana se elevó más de 3 km; los movimientos tectónicos abrieron el Golfo de California al océano, y los pequeños riachuelos que nacían en las Montañas Rocosas podían desembocar en él, erosionando y dando forma al Gran Cañón; la presión de la placa del Pacífico deslizándose bajo la del Caribe pudo provocar la erupción de volcanes submarinos creando una sucesión de pequeñas islas, que con el tiempo pudieron dar lugar al istmo de Panamá; si el flujo de agua entre el Pacífico y el Atlántico cesó, el cambio en las corrientes oceánicas pudo tener un impacto importante en el clima

De acuerdo con la Tectónica de Placas, el "motor térmico" de esta actividad es el proceso de convección que se produce por la elevada temperatura del manto; los materiales que van cayendo a él, desde las zonas de subducción entre las placas, se calientan y esto les hace ascender; parte de ellos sale al exterior, principalmente por las dorsales oceánicas, y el resto se enfría al ascender y cae de nuevo, vuelve a calentarse y el proceso continúa de manera cíclica.

¿Cómo se calcula la edad de la Tierra?

Un factor importante para reconstruir la historia de la Tierra es poder fechar los materiales que se encuentran por toda ella actualmente, las rocas que se encuentran en todo su relieve y en los diferentes estratos.

Antes de descubrirse el fenómeno de la radioactividad, Lord Kelvin hizo una estimación de la edad de la Tierra, basándose en la temperatura medida a diferentes profundidades, para calcular la temperatura del interior y computar el tiempo necesario para llegar a la situación actual de la litosfera y la corteza terrestre; pero una vez descubierta la radioactividad, Ernest Rutherford, usó la medición del tiempo que tarda un determinado elemento radioactivo en transformarse en otro elemento, producto final del proceso de desintegración (los núcleos pesados expulsan de manera natural partículas de su núcleo, debido a que el corto alcance de la fuerza nuclear fuerte, no puede mantener en el núcleo a las partículas más externas; la fuerza nuclear débil también interviene en la desintegración radiactiva beta; como los núcleos de cada elemento se diferencian en el número de partículas, la pérdida de estas por emisión radioactiva transmuta los isótopos radiactivos de un elemento en otros elementos de menor peso y número atómico de la tabla periódica; la emisión se detiene cuando el isótopo radiactivo original degenera en un elemento estable; como el proceso está regido por leyes naturales precisas, aunque una emisión particular no es predecible, el cálculo de probabilidades funciona bien para un número elevado de núcleos de isótopos radiactivos contenidos en una muestra; por ejemplo, un isótopo radiactivo del uranio termina convirtiéndose en plomo estable, pasado un tiempo específico, que se puede medir y calcular; se llama "vida media" al tiempo necesario para que la mitad del material radiactivo en una muestra se convierta en su producto final estable; las rocas pueden formarse por tres procesos conocidos; pueden ser sedimentarias, metamórficas o magmáticas; las últimas se forman a partir del magma caliente que sale al exterior y al enfriarse se solidifican; en realidad se convierten en roca sólida cristalizando, es decir, sus moléculas y átomos se colocan ordenadamente en forma de red cristalina al enfriarse, de modo que en su interior, los isótopos radiactivos se mantendrán aislados; si el material que emergió contenía una determinada cantidad de uranio radiactivo, éste se habrá ido convirtiendo en determinado isótopo de plomo a un ritmo constante; midiendo la proporción relativa de uranio y plomo en la roca se puede deducir el tiempo en que se formó; así Rutherford determinó una edad para la Tierra mucho mayor que la que había obtenido Lord Kelvin; actualmente se calcula que la edad de la Tierra es de unos 4500 millones de años.

Con una edad tan larga, si los procesos que dieron lugar a Pangea y a su posterior fragmentación, están operando desde hace miles de millones de años, se piensa que éste no ha sido el único supercontiente; hoy los geólogos piensan que hay un ciclo supercontinental, por el cual los supercontinentes se fragmentan, debido a la gran presión que se genera al no poder liberar la elevada temperatura interna bajo ellos, mientras que el océano que rodea al supercontinente puede liberar la temperatura hacia el exterior con más facilidad; cuando el supercontinente finalmente cede a la presión y se fragmenta, comienza de nuevo la deriva continental; las placas se deslizan y chocan hasta la formación de un nuevo supercontinente; Vaalbará, Rodinia y Pannotia son los nombres que se han dado a algunos de los supercontinentes anteriores a Pangea.

EL TAMAÑO DE LA TIERRA, LA INCLINACIÓN DE SU EJE Y LA PRECESIÓN DE LOS EQUINOCCIOS

¿Cómo se calculó en la antigüedad el tamaño de la Tierra?

En la antigüedad Eratóstenes ya pudo hacer una estimación aproximada del tamaño de la Tierra; los griegos habían deducido que la Tierra era esférica ; como consecuencia la sombra que proyectan los objetos sobre la superficie de la Tierra cuando el Sol los ilumina, será mayor o menor, en cada hora del día, dependiendo de la latitud; cuanto más alejado esté un lugar del ecuador terrestre, los objetos en él estarán más inclinados, y la sombra que proyectarán en el suelo será más corta o más larga dependiendo de la inclinación; conociendo la distancia entre dos lugares, si se coloca en los dos una vara vertical, perpendicular al suelo, y se mide la sombra que proyecta cada uno a la misma hora del día, la diferencia en las longitudes de las sombras indicará a cuantos grados de circunferencia terrestre corresponde la distancia entre los dos lugares; así podremos saber lo que mide un grado de circunferencia terrestre (medición del arco de meridiano), y multiplicando por 360, obtener el valor de la circunferencia total.

¿Cómo se determina cuantos grados de inclinación tiene el eje terrestre, con relación al plano de su órbita alrededor del Sol?

Las diferencias entre la duración del día y la noche en diferentes latitudes y en diferentes épocas del año, indican que el eje imaginario de la Tierra, en torno al cual hace un giro diario, no es perpendicular al plano de su órbita alrededor del Sol, y por medio de las diferencias de duración de días y noches a diferentes latitudes se sabe cuál es su inclinación; esta inclinación da lugar a las estaciones.

¿Qué es la precesión de los equinoccios y a qué se debe?
Es el cambio en la posición del eje de la Tierra, que fue detectado ya en la antigüedad por Hiparco de Nicea. Midiendo cuidadosamente la posición de las estrellas se deduce que el eje de rotación de la Tierra, hace un movimiento de cabeceo, como el de una peonza cuando va deteniendo su rotación, en un ciclo que dura unos 26000 años; a este movimiento se le superpone otro adicional de vibración del eje (nutación); todo esto, junto con el hecho de que la duración del año no es un múltiplo entero de la duración de los días, produce desfases que obligan a hacer reajustes periódicos en los calendarios; estos movimientos adicionales se deben al efecto combinado de las fuerzas

gravitatorias que operan sobre el planeta, pues debido a su forma y movimientos, no todas las partes de la Tierra están sometidas a la misma intensidad gravitatoria.

LOS QUÍMICOS: Precursores en la investigación del átomo

El químico Antoine Laurent de Lavoisier realizó experimentos que respaldaban la teoría atómica. Llevó a cabo combustiones y reacciones químicas, pesando las sustancias antes de la combustión o reacción, y pesando de nuevo los productos resultantes, habiendo tenido mucho cuidado para que nada, ni siquiera vapores o gases, escapasen de sus recipientes; encontró que el peso era el mismo antes y después de la reacción, estableciendo así la ley de conservación de la masa; la teoría atómica servía muy bien para explicar sus resultados: La combustión o reacción solo había cambiado la disposición y organización de los átomos, produciendo sustancias de aspecto y propiedades distintas, pero el número total de átomos era el mismo, lo que explicaría que el peso total fuese el mismo antes y después.

Dimitri Mendeleiev clasificó los elementos conocidos en su época, por sus pesos y propiedades, empezando por los más ligeros y comprobó que había un patrón (que ya habían observado otros estudiosos). Cada 8 elementos, en las primeras filas de la tabla que confeccionó se repetían elementos con propiedades semejantes. Colocó los elementos de propiedades parecidas en las mismas columnas de la tabla. Tuvo incluso la intuición de dejar huecos en la tabla, sugiriendo que allí habría que colocar elementos aún no descubiertos, y hasta predijo sus propiedades, y efectivamente tales elementos se fueron hallando y confirmaron sus predicciones.

Otros hallazgos también se podían explicar con la teoría atómica, como por ejemplo "La ley de las proporciones definidas", hallada por Proust; las sustancias elementales que formaban compuestos, lo hacían en proporciones específicas, lo que sugería que la molécula del compuesto contenía números determinados de átomos de los elementos componentes.

Mecánica estadística. La teoría cinética de los gases

El movimiento genera calor; el calor a su vez puede hacer que la materia sólida pase al estado líquido, y con más calor al estado gaseoso. El ejemplo más familiar quizá sea el agua: calentemos un cubito de hielo y tendremos agua líquida; sigamos calentando y el agua se evaporará.

Esto se puede explicar suponiendo que la materia está formada por pequeñas partículas (moléculas o átomos). En el estado sólido las partículas se atraen fuertemente y se mueven poco respecto de sus posiciones de equilibrio; si los átomos ganan energía cinética se atraen con menos fuerza colisionando entre sí y pasando al estado líquido; si su energía cinética aumenta se terminan separando y pasan al estado gaseoso. Esto explicaría también el aumento de volumen cuando aumenta la temperatura, debido a que aumenta la separación media entre los átomos. Los átomos tenían que ser muy pequeños. pues ni siquiera se observaban al microscopio. De modo que un volumen pequeño de materia contendría gran cantidad de ellos. Si los cambios de estado de la materia se debían a una variación en el estado de movimiento de los átomos, debido a variaciones de temperatura, la energía cinética media de los átomos en una cantidad de materia, sería proporcional a su temperatura. Varios científicos aplicaron las leyes del movimiento de Newton a los átomos, pero debido a que en sus cálculos tenían que considerar números tan grandes de partículas, tuvieron que aplicar métodos estadísticos, y así desarrollaron la mecánica estadística. Resultó muy útil puesto que permitió conocer los detalles del mundo submicroscópico a partir de mediciones que se podían realizar a nivel macroscópico. Por ejemplo, como la presión de un gas en las paredes del recipiente que lo contiene, se considera debida a la energía cinética de las partículas del gas al chocar incesantemente con las paredes, al medir la presión se podía conocer el promedio de velocidad de las partículas y su energía cinética a diferentes temperaturas.

La Hipótesis de Avogadro

El aumento de la temperatura produce un aumento de presión, porque la energía cinética de las partículas es mayor. Al aumentar la temperatura aumenta también el volumen del gas. Se puede medir el aumento de volumen por cada grado de temperatura. Al hacerlo se comprobó que todos los gases, sin importar su composición, aumentan de volumen en la misma proporción. El aumento de volumen por cada grado de temperatura se denomina "coeficiente de dilatación cúbica", y su valor para todos los gases es, expresado en forma de quebrado: 1/273.

El hecho de que todos los gases se dilaten en la misma medida, parecía indicar que en un volumen dado de cualquier gas, hay el mismo número de partículas. Esta fue la hipótesis de Avogadro. Las partículas de todos los gases, aunque sean diferentes, deben ser muy pequeñas en comparación con su distancia promedio de separación, de modo que lo que determina el aumento de volumen con la temperatura es la mayor separación entre partículas al aumentar su agitación térmica. La diferencia de tamaño entre partículas de diferentes gases debe ser muy pequeña en comparación con la separación entre partículas. Por lo tanto esa pequeña diferencia se puede despreciar y considerar a todas las partículas aproximadamente iguales, por lo que cabe suponer que volúmenes iguales de dos gases distintos contienen el mismo número de partículas (A igual presión y temperatura).

Los pesos atómicos relativos. Definición de mol

Si pesamos un volumen de un gas y después pesamos el mismo volumen de otro gas diferente, y comprobamos que uno pesa el doble que el otro, como según la hipótesis de Avogadro, contienen el mismo número de partículas, llegamos a la conclusión de que los átomos de uno deben pesar el doble que los átomos del otro. Podemos obtener así los pesos atómicos relativos de los diferentes elementos; otras leyes, como la de "las proporciones definidas" en la reacciones químicas, también podían contribuir a la determinación de tales pesos relativos. Se define "mol" como el equivalente en gramos al peso atómico. Supongamos que una sustancia tuviese un peso atómico de 1 y otra de 2. Un mol de la primera sería 1 gramo y un mol de la segunda serían 2 gramos (porque hemos definido "mol" como el equivalente en gramos al peso atómico). Como sabemos que el átomo de la segunda pesa 2 veces más que el átomo de la primera, llegamos a la conclusión de que en 1 gramo de la primera hay el mismo número de átomos que en 2 gramos de la otra (hay el mismo número de átomos pero cada uno pesa el doble). Extendiendo estas ideas a todas las sustancias, podemos decir que en 1 mol de cualquier sustancia hay el mismo número de partículas. A ese número se le llama "número de Avogadro". Si se pudiese determinar dicho número (el total de micropartículas en una cantidad conocida de materia), se podrían calcular inmediatamente el tamaño y el peso de sus átomos constituyentes. La medición del número de Avogadro se convirtió pues en una meta importante para la física y la química. Aunque no todo el mundo científico la aceptara, la teoría atómica se convirtió en un modelo que se usó para seguir investigando y para tratar de explicar las propiedades de la materia a partir de dicho modelo.

Las leyes de la Termodinámica

El coeficiente de dilatación cúbica de los gases, también permite calcular la disminución del volumen por cada grado de disminución de la temperatura. Como el coeficiente es 1/273, el cálculo indica que al llegar a - 273° Celsius el volumen del gas se reduciría a cero; por lo tanto nada puede llegar a esa temperatura, por lo que se la llama el cero absoluto (- 273° Celsius). Ese sería el caso de un gas ideal. En la práctica los gases se licuan antes de acercarse a esa temperatura, y cambian sus propiedades. No obstante el concepto de gas ideal es útil, porque los gases se comportan como ideales en un amplio rango de temperaturas. La escala absoluta de temperatura también se llama Kelvin. A la escala Celsius también se la llama centígrada. Marca cero grados en el punto de congelación del agua y cien grados en el punto de ebullición.

El calor siempre fluye de los cuerpos calientes a los fríos. En términos de teoría cinética, esto puede entenderse así: las partículas del cuerpo caliente (con mayor energía cinética), chocan con las del frío, y les van cediendo parte de su energía, hasta que se llega a un equilibrio termodinámico en el que las partículas de los dos cuerpos tienen la misma energía y por tanto la misma temperatura.

Si en una habitación dejamos un frasco de perfume abierto, las moléculas del aire, en sus movimientos caóticos, chocarán con las moléculas del perfume y las irán arrancando hasta que todo el perfume se halle mezclado con el aire. Se habrá pasado de un estado ordenado (todo el perfume en un solo lugar, en el frasco, separado del aire), a otro más desordenado (unas moléculas mezcladas aleatoriamente con otras). Boltzmann lo explicaba como una consecuencia del cálculo de probabilidades. Como existen muchísimas más combinaciones en las que las moléculas pueden situarse en arreglos no ordenados, los arreglos aleatorios desordenados son, con mucho, los más probables.

Esta tendencia de los sistemas físicos hacia el aumento del desorden, o aumento de la entropía (de la palabra griega para "revolver" o "revuelto"), se conoce como la 2ª Ley de la Termodinámica; (la 1ª Ley es la de la conservación de la energía).

Otras fuerzas

Cuando se planteó la hipótesis de Avogadro no se conocían ni el peso absoluto ni el tamaño de los átomos y moléculas, pero sí se podían establecer las relaciones entre grandes cantidades de átomos y deducir así relaciones entre las partículas submicroscópicas.

Para determinar experimentalmente el valor del número de Avogadro se reflexionó en qué procesos que se manifestaran a escala macroscópica podían depender del número de micropartículas contenidas en una determinada cantidad de materia. Se encontraron con el tiempo bastantes métodos para medir el número de Avogadro, pues es lógico que los procesos que percibimos a escala macroscópica dependan de lo que ocurre en el nivel atómico. Por ejemplo, el color azul del cielo se debe a la dispersión de la luz solar de determinada frecuencia por las partículas del aire: la intensidad del color dependerá del número de partículas que actúen como centro de dispersión. Thompson (Lord Kelvin) comparó los datos sobre el brillo del Sol en el cenit y estando este a 40° sobre el horizonte. El movimiento caótico de pequeñas partículas suspendidas en un líquido (movimiento browniano, observado al microscopio por el botánico R. Brown en 1827) fue interpretado como consecuencia del choque de partículas aún más pequeñas (los átomos invisibles).

Einstein dio con una fórmula para calcular el número de Avogadro a partir del resultado de los choques tal como se observaban al microscopio. Perrin usó este método y otros para determinar el número de Avogadro. En tiempos más recientes se ha medido estudiando la dispersión de rayos X al atravesar sólidos cristalinos. Los diferentes métodos (los mencionados aquí y algunos más) coinciden aproximadamente en el mismo valor (6, 02252 +/- 0, 00028) x 10 elevado a 26 moléculas por kilomol), Se ha sabido así que hay muchas micropartículas (átomos o moléculas) en una pequeña cantidad de materia. Al poder calcular el tamaño de los átomos se supo que eran tan pequeños que estaban muy por debajo de la capacidad de los microscopios. Para saber más sobre ellos habría que usar métodos indirectos, como estudiar las fuerzas que emanaban de ellos.

La gravedad era una fuerza invisible. No era la única que se conocía. Frotando una varilla de ámbar este atraía pequeños objetos. Se llamó a esta fuerza de atracción invisible "electricidad" (de la palabra griega para "ámbar": elektron). Además se sabía de una piedra originalmente hallada en Magnesia, que atraía pequeños trozos de metal. A esta fuerza invisible se la denominó por tanto magnetismo. ¿Qué propiedad de la materia podía ser responsable de las fuerzas eléctricas y magnéticas?. Se produjeron diferentes artilugios que producían electricidad por fricción. Cuando se tocaba un objeto cargado de electricidad, a veces saltaba una pequeña chispa y se oía una pequeña crepitación, quedando descargado el objeto. Esto sugirió a Franklin que tal vez los relámpagos de las tormentas pudieran ser también fenómenos eléctricos a mayor escala. Luigi Galvani en Italia comprobó que la electricidad de las tormentas inducía convulsiones musculares en ranas diseccionadas que estaban colgadas por ganchos de latón en una celosía de hierro. Las convulsiones seguían aún después de la tormenta, lo que hizo pensar a Alejandro Volta que la electricidad permanecía en los metales. Experimentó con diferentes metales hasta que construyó una pila de placas de cinc y cobre y discos de cartón humedecidos en una solución salina. La electricidad fluía de un extremo a otro de la pila. Se dispuso así de una fuente de corriente eléctrica que se originaba a partir de procesos químicos.

Se descubrió que estas dos fuerzas obedecían una ley matemática muy semejante a la ley de Gravitación de Newton, la llamada ley de Coulomb:

$$F = \pm k \, (q \cdot q \,'/ \, r^2)$$

Simplemente hay que sustituir m (masa) en el numerador por q (carga). Además la constante k es diferente de la constante de gravitación G, porque la intensidad de las fuerzas es distinta. El magnetismo obedece a la misma fórmula, con otra constante distinta y colocando en el numerador las masas magnéticas. Los signos que aparecen en la fórmula de la fuerza eléctrica pueden ser positivo o negativo, ya que estas fuerzas pueden ser atractivas o repulsivas, a diferencia de la gravedad que siempre es atractiva.

¿Por qué obedecen las tres fuerzas a una ley inversa del cuadrado de la distancia?. Una vez más, como ocurre con el brillo de un objeto luminoso, o con la gravedad, podemos entenderlo si pensamos que la fuerza emana de un punto hacia todas las direcciones de forma radial. La fuerza se distribuye por tanto sobre la superficie de una esfera imaginaria que rodea al punto. A mayor distancia de la fuente, la fuerza tiene que repartirse sobre la superficie de una esfera mayor. Como el área de una superficie esférica es proporcional al cuadrado del radio $(4 \pi r^2)$, a medida que nos alejamos la fuerza se debilita en la misma proporción. Michael Faraday, al estudiar estas fuerzas invisibles, explicaba que era como si de los cuerpos cargados emanasen lo que llamó "líneas de fuerza", creando en torno suyo un "campo" eléctrico o magnético. Faraday incluso llegó a concebir las partículas como lugares donde las fuerzas convergen en un punto. La materia se podría considerar pues como puntos de concentración de fuerza. Todo se podría explicar en términos de campos de fuerzas. Oersted descubrió que una corriente eléctrica hace que una aguja magnetizada se mueva y reoriente. La corriente se comporta como un imán. La electricidad en movimiento (corriente) genera magnetismo. A la inversa Faraday comprobó que el magnetismo también puede generar electricidad; una bobina de cobre girando entre los polos de un imán produce corriente eléctrica.

Por otra parte, cuando se comprobó que la luz se propagaba en forma de ondas se supuso que existía una sustancia llamada "éter", que llenaba el espacio, y en el que se propagaban las ondas luminosas, como las olas del mar en el agua.

LA RELATIVIDAD ESPECIAL I: El tiempo se ralentiza y el espacio se acorta

La unificación de Maxwell

Maxwell expresó los descubrimientos sobre la electricidad y el magnetismo   en forma de ecuaciones matemáticas. Las fórmulas describían por lo tanto la relación entre electricidad y magnetismo. Explicado a grandes rasgos, si en un miembro de una ecuación aparece variación de electricidad, en el otro miembro aparece magnetismo y viceversa. Electricidad y magnetismo aparecen así relacionadas y unificadas en una sola entidad matemática. Las ecuaciones muestran en qué medida una corriente eléctrica genera magnetismo y viceversa. Por lo tanto ya no hay que hablar de electricidad y magnetismo por separado, sino de electromagnetismo. Como una consecuencia lógica de la íntima relación entre electricidad y magnetismo, las ecuaciones predecían la propagación de un nuevo tipo de ondas: un campo eléctrico variable genera en torno suyo un campo magnético, que a su vez genera otro campo eléctrico, y así sucesivamente, de manera que se propaga por el espacio una onda electromagnética. Incluso se podía calcular la velocidad de las ondas. La velocidad de las ondas a través de un medio determinado, depende de ciertas constantes características del medio, como la rigidez y la densidad. Análogamente la velocidad de las ondas electromagnéticas depende de ciertas constantes relacionadas con las diferentes intensidades de las fuerzas eléctrica y magnética. Cuando se hicieron los cálculos la velocidad resultó ser igual a la velocidad de la luz (300.000 km/seg.), que ya se había medido anteriormente. La conclusión era lógica: las ondas de luz eran ondas electromagnéticas. Apareció así otra gran unificación en física: electricidad, magnetismo y luz eran manifestaciones de un mismo fenómeno.

El origen de la teoría de la relatividad

La física de Newton sirvió para explicar casi todos los fenómenos conocidos durante siglos. No se puede negar que fue una enorme conquista intelectual. De hecho, solo ha habido que hacer dos modificaciones en el siglo XX (la teoría de la relatividad y la teoría cuántica). Aunque, como veremos, esas teorías suponen un avance impresionante en nuestro entendimiento, en realidad no echan por tierra los éxitos obtenidos por la física de Newton, sino que, por decirlo de alguna manera, los absorben. En la teoría de la relatividad y en la teoría cuántica, las fórmulas de Newton vuelven a aparecer como un caso límite. Concretamente, la relatividad ajusta las fórmulas newtonianas para tener en cuenta los efectos de la velocidad de la luz, y la teoría cuántica las ajusta para tener en cuenta que la energía no puede tomar cualquier valor, lo que se pone de manifiesto en los intercambios de energía de los procesos atómicos. En el caso límite en que se pueden ignorar los efectos de la velocidad de la luz y la cuantización de la energía, se anulan los términos matemáticos correspondientes y lo que queda son las fórmulas de Newton.

Como hemos visto, en la teoría electromagnética de Maxwell, la velocidad de la luz aparece como una constante, pues se obtiene de otras constantes relacionadas con las fuerzas eléctricas y magnéticas. Para que las leyes del electromagnetismo sean válidas, sin tener que modificarlas de forma complicada, cualquier observador debe obtener el mismo valor para la velocidad de la luz, sin importar cuál sea el estado de movimiento del observador que haga la medida. Los físicos se dieron cuenta de que esto estaba en contradicción con las leyes del movimiento de Newton. Supongamos que vamos en un tren que avanza a velocidad uniforme. Lanzamos una pelota dentro del tren y medimos su velocidad con relación al tren (o sea, como si el tren estuviera en reposo). Si un observador en tierra midiera la velocidad de la pelota no obtendría el mismo valor que nosotros. La velocidad que obtendría sería la suma de la velocidad de la pelota con relación al tren más la velocidad del tren con relación a la Tierra. Si las ondas de luz se propagan en el supuesto "éter", su velocidad parecería mayor a un observador que fuese hacia la luz que a otro que se aleja de ella. Un experimento preciso realizado por Michelson y Morley mostró que la velocidad de la luz tenía el mismo valor en cualquier dirección que se midiese. Si hubiesen detectado diferencias se habría confirmado que la Tierra se movía a través del éter, y este podría servir como un sistema de referencia respecto al cual medir los demás movimientos, pero si no se pudo detectar tal "movimiento a través del éter", como Einstein expresaría después, suponer su existencia resultaba superfluo.

En el Universo no se conoce nada que esté en reposo, por lo que solo podemos medir la velocidad de unos objetos con relación a otros, o sea, velocidades relativas. ¿Cómo puede entonces haber una velocidad absoluta, que sea la misma, se mida desde donde se mida?. Parece una contradicción. Sin embargo Einstein mostró como se podían reconciliar ambas teorías, mecánica y electromagnetismo, sin renunciar a los éxitos obtenidos por cada una. Pero para ello había que renunciar al concepto de "tiempo absoluto" que se daba por sentado hasta entonces.

La relatividad de la simultaneidad

Volvamos al ejemplo del tren. Se hace de noche. Al lado de la vía hay dos farolas apagadas, separadas por una distancia considerable y en la mitad del camino entre ellas hay un observador en tierra. En determinado momento, cuando el tren está recorriendo parte de la distancia entre las farolas, estas se encienden. Las dos señales luminosas, viajando a la velocidad de la luz, llegan al observador en tierra al mismo tiempo; él, por lo tanto concluye que las dos se han encendido simultáneamente. Sin embargo ¿qué percibirá un observador en el tren?. El tren avanza hacia el primer foco y se aleja del segundo, por lo que la luz de uno le llegará antes que la del otro. La conclusión es evidente: dos sucesos que son simultáneos para el observador en tierra no serán simultáneos para el observador en el tren, Este simple ejemplo muestra que la percepción de una secuencia de sucesos (y por lo tanto la percepción del paso del tiempo), puede variar de un observador a otro, según su estado de movimiento. Sería un error pensar que la medida del observador en tierra es la "real", mientras que la otra es "aparente". Podemos entenderlo si ahora trasladamos el ejemplo del tren al Universo y pensamos en dos sistemas de referencia que se mueven uno con respecto al otro, cada uno con su observador haciendo mediciones. La relatividad de la simultaneidad se cumplirá igual. Cada observador tiene el mismo derecho a pensar que está en reposo y el otro se mueve respecto a él. Por lo tanto las mediciones o percepciones de uno se pueden considerar tan reales como las del otro, pero como hemos visto, el transcurso de los acontecimientos, el transcurso del tiempo, es diferente en cada sistema de referencia. Para cada observador lo que él mide y percibe es lo "real" y ninguno tiene derecho a decir que sus mediciones o percepciones son más reales que las del otro, porque en el Universo no existe ningún sistema privilegiado, puesto que todos los sistemas de referencia se mueven unos respecto a otros. No se conoce ningún sistema en reposo absoluto respecto al cual se puedan medir los demás movimientos. Por lo tanto, los observadores en cualquier sistema de referencia tienen el mismo derecho que los demás a considerar sus mediciones o percepciones reales.

¿Qué instrumentos , objetos o sistemas físicos podemos usar como relojes?: cualquier sistema que tenga un movimiento periódico; por ejemplo, la Tierra gira en una órbita alrededor del Sol y cuando completa un giro vuelve a hacer otro, y cada giro tiene la misma duración; usamos ese sistema para medir los años; cada giro corresponde a un año; un péndulo que oscila de un lado a otro de manera regular , empleando el mismo tiempo en cada oscilación, también se usa como reloj: se pueden contar o registrar el número de oscilaciones que ha realizado entre dos sucesos, y eso nos da el tiempo transcurrido entre dichos sucesos; ahora se usan las rápidas y regulares oscilaciones de los átomos para hacer relojes muy precisos, que pueden medir intervalos de tiempo muy cortos.

Pensemos por tanto en usar como reloj un oscilador muy sencillo; imaginemos simplemente dos placas paralelas, separadas una pequeña distancia, una arriba y otra abajo, y una bolita que rebota de una a otra continuamente y de manera regular.

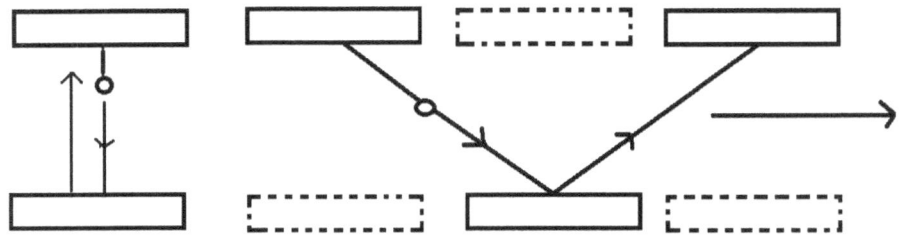

Un amigo nuestro está dentro de un vehículo con un reloj así, y a cierta distancia otro amigo está observándole, y con unos prismáticos puede ver perfectamente el reloj; por cierto, él también tiene a su lado un reloj igual; los dos amigos están en reposo, y el que está a cierta distancia fuera del vehículo comprueba que los dos relojes están marchando al mismo ritmo; la bolita de uno y la del otro se mantienen totalmente sincronizadas, oscilando o latiendo al unísono; el tiempo transcurre igual para los dos; pero ahora el amigo que está dentro del vehículo lo pone en marcha y empieza a moverse hacia adelante; él sigue observando el reloj que lleva en el vehículo y lo sigue viendo igual que antes de moverse, porque el reloj se mueve junto con él; pero su amigo, que permanece quieto fuera del vehículo, observa con los prismáticos algo diferente cuando mira el reloj del interior; como las dos placas están avanzando con relación a él, la bolita tiene que hacer ahora un recorrido más largo para completar cada oscilación, puesto que después de rebotar en la placa de arriba, mientras se dirige hacia la de abajo, esta se ha desplazado cierta distancia antes de que la bola la alcance; por tanto, desde el punto de vista del observador fuera del vehículo, las oscilaciones del reloj del vehículo se completan en un intervalo de tiempo más largo que las que mide con su reloj; pero ese efecto no está ocurriendo solo en el reloj; como dijimos antes, los átomos, que componen tanto al vehículo como todo lo que hay en él, incluido el cuerpo del conductor, son también osciladores regulares, de modo que todos los procesos, incluidos los biológicos, están transcurriendo a un ritmo distinto, pero el observador de adentro no percibe ningún cambio porque todo se ralentiza a la vez y en la misma proporción; es el de afuera el que percibe la ralentización con relación a él; de modo que no hay un tiempo absoluto; cada uno tiene su tiempo propio.

No solo la medición del tiempo, sino también la medición del espacio se basa en el concepto de simultaneidad. Volviendo al ejemplo del tren, supongamos que el observador en tierra ve que cuando los focos se encienden, uno coincide con el extremo delantero del tren y el otro con el extremo trasero. Llega a la conclusión de que la longitud del tren es igual a la longitud entre las dos farolas. La distancia entre los focos ha sido su vara de medir. ¿Qué verá en este caso el observador en el tren?. Verá iluminada la cabecera del tren y, *transcurrido un tiempo*, verá iluminada la parte trasera (puesto que se está alejando de la farola que ha iluminado esa parte del tren, y su luz, y la imagen que transporta, tardará más en llegar), y llegará a la conclusión de que la distancia entre los focos es menor que la longitud del tren. Por lo tanto tampoco coincidirán al medir longitudes. En realidad siempre que medimos longitudes, colocamos una vara de medir y damos por sentado que la imagen de los dos extremos de la vara llega a cualquier observador simultáneamente. Pero como hemos visto la simultaneidad es relativa.

Naturalmente la relatividad de la simultaneidad y sus efectos sobre la percepción de longitudes y tiempos, pueden despreciarse cuando las velocidades de los sistemas de referencia son pequeñas en comparación con la velocidad de la luz. En el ejemplo hipotético del tren, para percibir los efectos, el tren tendría que tener una velocidad enorme. En experimentos reales a altas velocidades, cuando se aceleran partículas subatómicas, se ha comprobado la validez de las leyes relativistas.

El espacio de Minkowski

Podemos notar que estos efectos relativistas (retraso de los sucesos o dilatación del tiempo, y contracción de las longitudes) se deben al mismo fenómeno: la relatividad de la simultaneidad; por lo tanto están íntimamente relacionados. Concretamente, en la misma medida en que el tiempo se dilata o extiende, la longitud se contrae. Pero eso es precisamente lo que ocurre en el espacio tridimensional, cuando miramos un objeto desde dos perspectivas distintas. Dos observadores pueden ver el mismo objeto y si embargo ver diferentes imágenes. (Por ejemplo, al cambiar la perspectiva la longitud se acorta y la anchura se dilata). Análogamente en relatividad la longitud se acorta y el tiempo se dilata. En la física de Newton el tiempo era el mismo para todos los observadores, absoluto e inmutable. La relatividad nos da más perspicacia sobre los conceptos de espacio y tiempo; nos hace pensar en cómo forjamos en nuestra mente esos conceptos de espacio y tiempo, basándonos en nuestras percepciones; pero nuestras percepciones dependen de nuestro estado de movimiento. En la física relativista el tiempo se comporta como las otras dimensiones espaciales: puede parecer más o menos "estirada" según desde donde se la mire. Antes de la relatividad espacio y tiempo se podían considerar separados. En la relatividad en cambio están íntimamente unidos. Sí la coordenada temporal se dilata, la coordenada espacial se contrae. Podemos expresarlo diciendo que diferentes observadores tienen diferentes "perspectivas" en el espacio-tiempo. No cabe hablar de espacio y tiempo por separado. A esta unión de espacio y tiempo se la conoce como espacio de Minkowski. Un cambio de sistema de referencia equivale, por lo tanto, a un "giro" en el espacio-tiempo, desde el punto de vista matemático, o un "giro" en el espacio de Minkowski. En el espacio tridimensional un punto material queda localizado, con respecto a un sistema de coordenadas de referencia, por medio de tres números: longitud, latitud y altura. En el espacio-tiempo hay que especificar también el tiempo, que puede ser diferente en diferentes sistemas de coordenadas. Un "punto" en el espacio tridimensional equivale a un "suceso" en el espaciotiempo cuatridimensional. Una observación o medición es un "suceso". Según la relatividad es más correcto decir que el "mundo" que percibimos se compone de sucesos, acontecimientos, no de "puntos materiales".

Electromagnetismo y mecánica

La teoría de la relatividad está de acuerdo con la teoría electromagnética de Maxwell. La velocidad de la luz es la misma en todos los sistemas de referencia precisamente porque longitudes y tiempos se ajustan para dar ese resultado. Pero la relatividad también está de acuerdo con la mecánica de Newton en el caso límite de bajas velocidades. Esto se debe a que las fórmulas relativistas son precisamente las fórmulas de Newton, pero con un término añadido que mide la contracción de longitudes y dilatación del tiempo según la velocidad. Cuando la velocidad es baja en comparación con la velocidad de la luz, este término se hace tan pequeño que prácticamente desaparece y reaparecen las fórmulas de Newton.

LA RELATIVIDAD ESPECIAL   II: La masa es energía

El aumento de la masa con la velocidad

Ya sabemos que longitud y tiempo son magnitudes fundamentales en física. Cualquier modificación que sufran afectará a las demás fórmulas que se construyen a partir de ellas. Consideremos la 2ª ley de Newton:

FUERZA = MASA x ACELERACIÓN.

Aplicamos fuerza a un cuerpo y va aumento su velocidad. Pero según la relatividad la longitud se contrae y el tiempo se ralentiza. A mayor velocidad más se acentúan esos efectos, por lo que cada vez nos costará más acelerarlo (aplicaremos fuerza, pero cada vez recorrerá una longitud más corta en un tiempo más largo o dilatado). Es como si su "masa" aumentase al aumentar la velocidad. Nótese que (en este caso), no aumenta la "cantidad de materia" sino la "resistencia a la aceleración", por los efectos relativistas de contracción de longitud y ralentización del tiempo. La masa se define precisamente como "resistencia a la aceleración". Las fórmulas indican que si el objeto llegase a la velocidad de la luz, su longitud se reduciría a cero, el tiempo se detendría y la masa se haría infinita. No sería posible acelerarlo más. Eso indica que la velocidad de la luz es un límite infranqueable en el Universo. Haber descubierto la velocidad límite es un hecho notable, puesto que no se podría haber descubierto mediante experimentos, ya que nunca podríamos estar seguros de que un experimento posterior no descubriría una velocidad mayor. Sin embargo es la teoría la que nos dice que la velocidad de la luz es el límite en el Universo físico. Además, ahora comprendemos mejor, por qué en el Universo la velocidad máxima debe ser la misma en todos los sistemas de referencia o referenciales. Si no fuera así, la velocidad se podría aumentar simplemente por cambio de referencial, y nunca se podría hablar de una velocidad máxima. Pero si las leyes relativistas no se cumplieran, el electromagnetismo no funcionaría como lo hace, y, por decirlo de alguna manera, el Universo se "desplomaría". Esta "construcción" o "estructura" del Universo que habitamos es la que permite que lo experimentemos como lo hacemos.

Masa y energía

La energía cinética de una partícula depende de su velocidad. La fórmula para la energía cinética es:

ENERGÍA CINÉTICA = ½ MASA x VELOCIDAD ^{2}

Pero como hemos visto, de acuerdo con la relatividad la velocidad también aumenta la masa. De modo que un aumento de energía cinética supone también un aumento de masa. Si incremento de energía equivale a incremento de masa, llegamos a la conclusión sorprendente de que la masa es otra forma de energía. Einstein dedujo de las fórmulas relativistas la proporción entre masa y energía. Obtuvo la famosa fórmula:

$$E = m \, c^2$$

(energía es igual a masa por la velocidad de la luz al cuadrado). Podría pensarse que la fórmula solo debería aplicar a la energía cinética, pero hemos visto que en el Universo unas formas de energía se transforman en otras de acuerdo con la ley de conservación de la energía (para obtener energía cinética tendremos que extraerla de alguna otra forma de energía). Para que la ley de conservación de la energía se cumpla y las leyes del Universo sean consistentes hemos de entender que la fórmula tiene validez universal y aplica a todas las formas de energía. En las reacciones químicas Lavoisier comprobó que se cumplía la ley de conservación de la masa. Ahora dos leyes de conservación se fundían en una: La conservación de la energía, considerando a la masa como otra forma de energía.

Antes del descubrimiento de esta fórmula los científicos no podían explicarse la energía que genera el Sol. No había ningún proceso de obtención de energía conocido en la Tierra que generase tan enorme cantidad de energía con una pérdida muy pequeña de masa. Las leyes relativistas, por lo tanto, se extienden más allá de los campos de estudio en los que se originaron. Explican más cosas que las que originalmente pretendían explicar, mostrando que una ley universal cumple muchos propósitos y que el Universo es una entidad donde todo está relacionado y todas sus leyes cooperan juntas para hacer que funcione como lo hace.

La fórmula de la equivalencia entre masa y energía explica también la gran cantidad de energía que se obtiene en las centrales nucleares, o la que se libera en las explosiones atómicas.

El descubrimiento de la equivalencia entre masa y energía nos conduce a una visión del mundo que ya había sido sugerida por Faraday y Boscovich, quienes habían sugerido que aquellos lugares donde percibimos materia, podrían ser "los lugares donde las fuerzas de un campo de fuerza se concentran en un punto"

Entendiendo la relatividad, podemos entender mejor las relaciones entre materia y energía, y entre espacio y tiempo, y su relación con el movimiento.

EL UNIVERSO DE EINSTEIN: La Relatividad General

Las tres leyes del movimiento de Newton están de acuerdo con la relatividad cuando se consideran velocidades bajas en comparación con la enorme velocidad de la luz. Pero ¿qué pasa con la ley de Gravitación?. Observemos la fórmula newtoniana:

$$F = G \ (M \ m/ \ r^2)$$

Vemos que en ella no aparece el tiempo. La fórmula simplemente indica que donde hay una masa, automáticamente hay atracción gravitatoria.

Según esta fórmula es como si el Sol ejerciese su fuerza de atracción sobre la Tierra en el acto, sin transcurrir tiempo alguno. Es como si la influencia gravitatoria se transmitiese a una velocidad infinita. Para Newton mismo esa "acción a distancia" resultaba sospechosa. Como hemos visto, según la relatividad nada puede viajar más rápido que la luz. En la teoría de campos un cuerpo que ejerce su influencia sobre otro no puede hacerlo de manera instantánea. Las fuerzas no se transmiten directamente de una partícula a otra, sino de la primera partícula al campo y de este a la segunda partícula. El campo cobra por tanto realidad física. Ya hemos visto que la relatividad se deriva de la teoría del campo electromagnético. Pero ¿cómo se puede armonizar la relatividad con la ley de la gravedad?. La respuesta a esta pregunta condujo a la Relatividad General.

El principio de equivalencia

Un cuerpo responde a una fuerza aplicada a él, según su "masa inerte" (o masa de inercia), de acuerdo con la fórmula $F = m \cdot a$, pero responde a una fuerza de atracción gravitatoria, según su "masa pesante" (o masa gravitatoria), de acuerdo con la fórmula $F = G [(Mm)/r^2]$. La "masa inerte" es por lo tanto la resistencia de un cuerpo a la aceleración, mientras que la "masa pesante" determina su respuesta a un campo gravitatorio (por ejemplo el de la Tierra); todos los cuerpos caen con la misma aceleración (en la Tierra, 9,8 m/seg.^{2}). La misma cantidad de "fuerza" debe producir la misma cantidad de "aceleración", sin importar si esa "fuerza" proviene de un campo gravitatorio, o de otra fuente, para que todo sea consistente, de modo que podemos igualar las dos expresiones de "fuerza"

Igualemos las dos expresiones de "fuerza":

$$m \cdot a = G [(Mm)/r^2]$$

(Aquí "M" es la masa de la Tierra, y "m" la masa del objeto que cae).

Para ser más concretos:

$$\text{MASA INERTE} \times a = G(M/r^2) \times \text{MASA PESANTE}$$

Podemos medir la "inercia" de un cuerpo usando $F = m \cdot a$, o podemos medir su "peso" usando $F = G [(Mm/r^2)]$; a priori, inercia y peso no tendrían por qué tener el mismo valor. Sin embargo podemos notar que para que la aceleración de la gravedad sea independiente de las características del cuerpo (y por tanto sea la misma para todos los cuerpos acelerados por un campo gravitatorio, como descubrió Galileo), estas ("masa inerte" y "masa pesante") no tendrían que aparecer en la fórmula. Eso solo puede ocurrir si las dos tienen el mismo valor (MASA INERTE = MASA PESANTE). Solo entonces podemos simplificar la fórmula, eliminando esos dos valores en ambos miembros de la ecuación, puesto que son iguales, y nos queda:

$$a = G \ (M/r^2)$$

Así, la aceleración depende solo de la intensidad del campo gravitatorio de la Tierra, y es una constante tal como la experiencia demuestra. Inercia y peso se compensan completamente (A mayor peso, la Tierra tira con más fuerza, pero como mayor peso significa también mayor inercia, el cuerpo se resiste más a la fuerza. Ambos efectos se compensan y el resultado es que todos los cuerpos caen con la misma aceleración).

Einstein se dio cuenta de que esta igualdad entre "masa inerte" y "masa pesante" implicaba la equivalencia entre un sistema en movimiento acelerado y un campo gravitatorio. Consideremos un ejemplo: imaginemos una especie de ascensor, una caja cerrada, sin ventanas, suspendida por un cable y colgando a una altura considerable. Dentro de esta especie de ascensor hay una persona y varios objetos. Supongamos ahora que se corta el cable y el ascensor empieza a caer, Aunque la persona levante los pies del suelo seguirá en caída libre, junto con el ascensor y los demás objetos, todos cayendo con la misma aceleración. A la persona entonces le parecerá que está flotando dentro del ascensor, También los demás objetos parecerán flotar. De hecho, esto es lo que realmente pasa cuando vemos a los astronautas flotar dentro de una nave que está en órbita en torno a la Tierra. Se suele decir que los astronautas están en unas condiciones de "gravedad cero". Pero la gravedad no ha desaparecido, porque es la que mantiene a la nave orbitando en torno a la Tierra, como la Luna. Lo que ocurre es que la nave y todo lo que hay en ella están en caída libre, como en el ascensor imaginario del ejemplo. Einstein se dio cuenta de que una persona en caída libre no siente su propio peso. Pero supongamos ahora que alguien engancha de nuevo el cable del ascensor, y se empieza a hacer que se eleve con un movimiento acelerado, tirando hacia arriba del cable; la persona y las cosas se volverán a pegar al suelo del ascensor y será como si alguien hubiese conectado un campo gravitatorio. Por tanto un sistema en movimiento acelerado y un campo gravitatorio son equivalentes.

Ahora bien, ¿qué ocurre con el espacio y el tiempo en un sistema acelerado?, Consideremos un caso de movimiento acelerado, un disco en rotación, como la plataforma de un tiovivo; (aunque la velocidad, una magnitud vectorial, no cambie de magnitud, cambia de dirección continuamente, por tanto es un sistema acelerado). Imaginemos un habitante de este disco giratorio haciendo mediciones de longitud y de tiempo. Si se coloca en una parte exterior del disco obtendrá unos valores, pero si se coloca en una parte más interna irá a diferente velocidad, y de acuerdo con la relatividad especial la medición de longitudes y tiempos será distinta. De hecho longitudes y tiempos se acortarán o dilatarán constantemente, y tendrán valores diferentes dependiendo de la distancia al centro del disco. Por lo tanto en un sistema acelerado la relatividad hace que los valores de las coordenadas espaciotemporales cambien continuamente de un punto a otro, encogiéndose o dilatándose. En un mundo con esas propiedades no podríamos trazar un sistema de coordenadas rectilíneo. Por ejemplo si tomáramos un plano y tomáramos nuestra "vara de medir" (variable de punto a punto), no podríamos obtener algo semejante a esto:

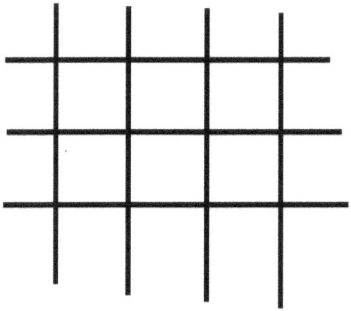

Más bien obtendríamos algo semejante a esto:

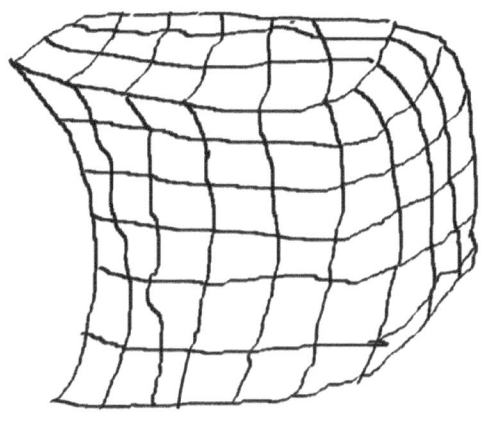

De modo que en un sistema acelerado la relatividad hace que el espacio y el tiempo sean curvos. Pero según el principio de equivalencia lo mismo debe ocurrir en un campo gravitatorio. Según este punto de vista, una gran masa, como la del Sol, origina una curvatura del espacio-tiempo en torno suyo. Altera la geometría de su entorno, deformándola. Los cuerpos en el entorno del Sol se moverán siguiendo trayectorias curvas, porque la geometría es curva, La relatividad conduce a una nueva interpretación de la gravedad. La gravedad se debe a que los cuerpos masivos curvan la geometría de su entorno.

Mientras trabajaba en este tema, Einstein supo que los matemáticos ya habían estudiado, desde hacía años, la geometría de los espacios curvos. Para estudiar una superficie curva se introduce un sistema de coordenadas que se adapte a la curvatura.

Estas se llaman "coordenadas de Gauss". Matemáticos como Gauss dudaban de la validez completa de la geometría que estudiamos en el colegio, llamada geometría euclídea (por Euclides, geómetra griego).

Por ejemplo, en la geometría euclídea la suma de los tres ángulos de un triángulo siempre mide 180°; esto se puede comprobar en el siguiente gráfico:

Al trasladar dos de los ángulos, haciendo un "transporte paralelo", para unirlos al tercer ángulo, se ve que los tres suman media circunferencia, o 180°

Sin embargo ¿es esto realmente cierto en la verdadera geometría del mundo real?. Se puede demostrar que solo será cierto si el triángulo se traza en una superficie plana (con curvatura cero). Si trazamos un triángulo pequeño sobre la superficie de la Tierra se cumplirá, pero si vamos aumentando el tamaño del triángulo no se cumplirá debido a la curvatura de la Tierra.

De modo que ¿cuál es la verdadera geometría del Universo?.

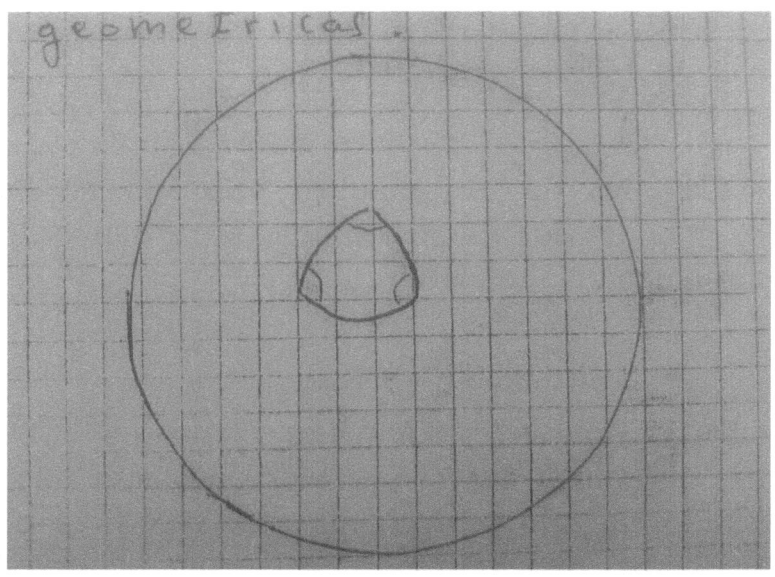

(Ver figura: Si trazamos un triángulo suficientemente grande sobre la superficie de la Tierra, sus tres ángulos sumarán más de 180°. La geometría de Euclides solo se cumple en la superficie de la Tierra como un caso límite, cuando realizamos las mediciones en una porción suficientemente pequeña).

Los experimentos podrían demostrar que la geometría se ve afectada por las propiedades físicas de la materia, la existencia de campos de fuerza, o leyes universales que influyesen en las mediciones geométricas.

De modo que Riemann desarrolló una geometría más general, que aplicase a cualquier clase de espacio, tuviera la estructura que tuviera. Además, para hacerla más general, la geometría se podría extender a cualquier número de dimensiones. Ahora Einstein descubrió que la verdadera geometría del Universo se adaptaba a la geometría prevista por Riemann, y dicha geometría era responsable de lo que conocemos como gravedad. Con la geometría de Riemann, la herramienta matemática que Einstein necesitaba estaba ya lista para su uso. Las fórmulas de esa geometría le sirvieron para calcular hechos que podían ser contrastados con la experiencia. La teoría de Einstein predecía que un rayo de luz seguiría una trayectoria curva al ser afectada por un campo gravitatorio intenso. Esta predicción fue confirmada durante un eclipse de Sol. La luz de una estrella era curvada por el campo gravitatorio del Sol, justo en la medida precisa predicha por la teoría. Además se comprobó que el tiempo se ralentiza al aumentar la intensidad gravitatoria (esto es lo que se quiere decir cuando se habla de que el tiempo es "curvo"). Solo quiere decir que los acontecimientos transcurren más o menos deprisa según la intensidad del campo gravitatorio en el lugar en que se hagan las mediciones. De modo que extendemos el lenguaje que usamos al referirnos a las tres coordenadas espaciales, y decimos que la coordenada temporal también es "curva". Además la teoría de Einstein explicó una anomalía observada en el movimiento del planeta Mercurio, que no había podido ser explicada por la física de Newton. La experiencia por lo tanto ha demostrado la validez de la Relatividad General, la teoría de la gravedad de Einstein.

La "generalidad" de la Relatividad General

La teoría que Einstein desarrolló en 1905, se conoce como relatividad especial o restringida; es la primera que hemos considerado. La extensión que hizo para incluir la gravedad, que completó hacia 1916, es la que acabamos de considerar, y se llama Relatividad General, como hemos dicho. En realidad su "generalidad" no consiste solo en que incluya a la gravedad, sino en algo más profundo.

Desde Galileo sabemos que un sistema de referencia (o sistema de coordenadas) en reposo, no se puede distinguir de otro en movimiento rectilíneo uniforme con respecto a él. Las leyes de la naturaleza, como por ejemplo las leyes del movimiento, se cumplirán y serán las mismas en los dos sistemas. Estos sistemas se llaman inerciales, porque en ellos se cumple la ley de la inercia. Esto se puede expresar así: "Todos los sistemas inerciales son equivalentes para la formulación de las leyes de la naturaleza". Este es el llamado "principio de la relatividad de Galileo". Las leyes de la mecánica de Newton se fundamentan en él. En realidad lo que hizo Einstein fue mostrar que se podían mantener estos dos principios:

1- El principio de la relatividad de Galileo (Fundamental en Mecánica)

2- La constancia de la velocidad de la luz (Tal como aparecía en la formulación de Maxwell del electromagnetismo).

La relatividad especial se basa en esas dos ideas. Así pues, tanto la mecánica de Newton, como la relatividad especial, se cumplen en todos los sistemas inerciales, o sea, los que se mueven con movimiento rectilíneo uniforme unos con respecto a otros. Pero en el Universo todo o casi todo está en rotación, incluyendo a la Tierra, y esos sistemas deben considerarse acelerados, pues el "vector velocidad" cambia su orientación, incluso aunque no cambie su magnitud. ¿Por qué entonces hemos encontrado que la mecánica de Newton y la relatividad especial se cumplen en una amplia variedad de fenómenos?. Porque la Tierra y los demás sistemas de referencia son muy aproximadamente inerciales. Dicho de otro modo, aunque son acelerados, sus aceleraciones son muy suaves.

Sin embargo la Relatividad General se acerca más a la realidad, porque considera desde el principio como serían las leyes de la naturaleza en cualquier sistema de referencia. Extiende el principio de la relatividad de Galileo y no da preferencia a los sistemas inerciales. El principio de la Relatividad General puede expresarse así: "Todos los sistemas de coordenadas son equivalentes para la formulación de las leyes de la naturaleza", o dicho de otro modo: las leyes de la naturaleza deben ser expresadas de manera que sean las mismas en todos los sistemas de coordenadas; si no fuera así no habría un consenso sobre tales leyes, pues cada observador obtendría fórmulas distintas según su estado de movimiento. Los sistemas inerciales son solo un caso particular del caso más general. Al extender la relatividad especial a sistemas en cualquier estado de movimiento aparece la curvatura del espacio-tiempo, y la gravedad queda explicada como consecuencia de esa "geometría curva". La Relatividad General se ha mostrado más exacta que la teoría de Newton. Si el principio de Relatividad General no se cumpliera en el Universo, como hemos dicho, unos observadores no se pondrían de acuerdo con otros en cuanto a sus leyes más fundamentales, y eso haría que quizá ni siquiera se podría hablar de leyes universales.

LA RADIACIÓN DE CUERPO NEGRO: Un descubrimiento que cambiaría drásticamente nuestro entendimiento del mundo

Kirchhoff había descubierto que cuando diferentes cuerpos eran irradiados con radiación térmica, cada uno absorbía una fracción determinada de la radiación y emitía el resto; de modo que cada cuerpo tiene una capacidad diferente para absorber calor; sin embargo el cociente entre la radiación emitida por los diferentes cuerpos, y su capacidad de absorción, es siempre el mismo, de modo que no depende del material o de las características del cuerpo; debía existir por tanto una ley universal para la radiación térmica que aplicase a todos los cuerpos sin importar su naturaleza.

Encontrar la forma de esa ley universal se convirtió en uno de los principales objetivos de los físicos.

Un cuerpo que tuviese la máxima capacidad de absorción, retendría toda la radiación que recibiese, por lo que se le llamó "cuerpo negro"; sería el absorbente perfecto.

Si elevase su temperatura sería también el emisor ideal, puesto que un cuerpo cuando es calentado, emite las mismas frecuencias que recibe cuando no lo es.

Wien, a partir de consideraciones termodinámicas, indicó que la fórmula universal buscada debía ser una función del cociente entre frecuencia y temperatura.

Medir experimentalmente la radiación de cuerpo negro sería una guía y al mismo tiempo una confirmación de la ley teórica que se propusiese.

Pero hasta los cuerpos que parecen negros a nuestra vista, en general emiten en el infrarrojo en forma de calor. Sin embargo se podía usar una cavidad con un diminuto orificio; la radiación entraría en él y empezaría a viajar entre sus paredes internas, siendo despreciable la probabilidad de que volviese a salir por el orificio, de modo que éste se podría considerar un cuerpo negro; ocasionalmente la radiación podría salir por el orificio, perdiendo las paredes energía y enfriándose, pero recuperarían pronto el equilibrio térmico con la radiación que entrase; de modo que el orificio se comportaría como un cuerpo negro absorbiendo toda la energía que le llega y a su vez emitiendo toda la correspondiente al equilibrio térmico.

De esta forma se obtuvieron gráficas experimentales de la radiación de cuerpo negro. Estas presentaban un máximo en la región de frecuencias intermedias, mientras que tanto las frecuencias bajas como las altas contribuían poco a la intensidad de la radiación.

Wien propuso una fórmula que daba resultados que se ajustaban bien en el extremo de las frecuencias altas, pues su fórmula incluía un término de decrecimiento exponencial al aumentar la energía, y las frecuencias altas corresponden a energías altas de los osciladores que las generan. Pero para las frecuencias bajas las predicciones no coincidían con las observadas experimentalmente.

Max Planck, dedujo otra fórmula parecida; en aquel tiempo, Boltzmann y otros habían obtenido explicaciones de las leyes de la termodinámica basadas en la existencia de los átomos y moléculas, aplicando las leyes de la mecánica clásica a grandes cantidades de ellos, usando métodos estadísticos. La temperatura era considerada como resultante de la energía cinética de las partículas dentro de un recipiente. El choque incesante de las partículas contra las paredes del recipiente determinaba la presión, de modo que la temperatura era proporcional a la energía promedio de las partículas, y la constante de proporcionalidad "k" se denominaba "constante de Boltzmann".

En el equilibrio térmico, es decir, cuando todas las partículas, tras sus incesantes choques intercambiando velocidad, alcanzaban aproximadamente la misma energía, se aplicaba la ley de equipartición, asignando la misma energía y por tanto la misma velocidad a cada partícula.

Pero en aquel tiempo la teoría atómica era considerada como una hipótesis, y no se consideraba como algo totalmente probado; las leyes de la termodinámica eran consideradas por muchos físicos como leyes universales, no reducibles a otras, y por tanto no consideraban necesario que tuviesen que ser explicadas por la mecánica estadística.

Max Planck era consciente de la importancia de encontrar la ley universal de la radiación térmica hacia la que señalaba el descubrimiento de Kirchhoff, y además, aunque era tolerante con las interpretaciones estadísticas, consideraba también las leyes de la termodinámica y el electromagnetismo como leyes universales irreducibles.

Imaginó un modelo de cuerpo negro como una cavidad cuyas paredes contenían osciladores eléctricos que emitían en todas las frecuencias. Para encontrar la ley de radiación en el equilibrio térmico, se vio obligado a utilizar los métodos estadísticos, y también la ley de equipartición de la energía entre los diferentes osciladores.

Si suponía que la energía era absorbida y emitida de forma continua, tomando ésta cualquier valor, al ser infinito el rango de valores, las formas posibles de repartir la energía disponible entre los osciladores eran infinitas, y no había manera de hallar una solución.

De modo que se vio llevado a suponer que la energía de los osciladores no podía tomar cualquier valor, sino solo un valor determinado proporcional a su frecuencia; introdujo una constante de proporcionalidad entre energía y frecuencia, que fue llamada "h".

Los osciladores de frecuencia baja contribuirían poco a la intensidad de la radiación, aun cuando hubiese muchos, debido a que "h" tenía un valor muy pequeño; por otra parte los osciladores de alta frecuencia requerirían mucha energía, de modo que habría pocos, pues la energía disponible a repartir no podía ser ilimitada; el número de osciladores de frecuencias intermedias, en cambio, podía ser mucho mayor, y por tanto serían los que más contribuirían a la intensidad de la radiación, explicando así el máximo en la gráfica que se obtenía en los experimentos.

Aunque la "equipartición" funcionaba en la mecánica estadística, y se asignaba la misma cantidad de energía a cada partícula al alcanzar el equilibrio térmico, no ocurría lo mismo con la radiación; a cada frecuencia le correspondía una cantidad de energía distinta, pero siempre un múltiplo de la constante "h".

Los físicos ingleses Rayleigh y Jeans intentaron obtener la ley de radiación a partir del electromagnetismo clásico; la fórmula que obtuvieron concordaba bien con los valores experimentales en la zona de frecuencias bajas, pero para las frecuencias altas predecía una energía que crecía sin límite, lo que evidentemente no ocurría, de modo que se llamó a ese resultado "catástrofe ultravioleta".

Era la fórmula de Planck la que concordaba con los experimentos; todo esto señalaba hacia la necesidad de una revisión de algunos de los conceptos de la física clásica.

Para estar de acuerdo con los valores experimentales había que admitir que la energía no se emite con cualquier valor, sino solo con unos valores determinados que son todos múltiplos de la constante "h".

Pero ¿qué es "h"?. Despejémosla de la fórmula y veamos lo que obtenemos. La fórmula es $E = h\,v$. La frecuencia de un oscilador es el número de ciclos por unidad de tiempo; el periodo es el tiempo invertido en un ciclo completo. Supongamos una frecuencia de 2 vueltas o ciclos por segundo. Tiene que dar una vuelta en medio segundo. El periodo es por tanto ½ segundo por vuelta o ciclo. De modo que el periodo es el inverso de la frecuencia. Podemos por tanto escribir la fórmula de Planck así:

$$E = h \cdot 1/t, \text{ y despejando } h, E \cdot t = h$$

De modo que "h" tiene dimensiones de energía por tiempo; es lo que en mecánica denominamos acción.

EINSTEIN PONE EN MARCHA LA TEORÍA CUÁNTICA: El efecto fotoeléctrico

Se había descubierto que al incidir la luz sobre determinados metales, el impacto energético conseguía arrancar electrones del metal, haciéndolo conductor (ese es el fundamento de la célula fotoeléctrica, las placas de energía solar fotovoltaica, las placas fotosensibles de las cámaras de televisión y vídeo, etc.). Sin embargo al aumentar la intensidad de la luz, no aumentaba la energía de los electrones arrancados, pero al cambiar el color sí.

El color depende de la frecuencia de la luz. En 1905, el mismo año en que sentó las bases de la relatividad especial, Einstein publicó otro artículo en el que explicó el efecto fotoeléctrico basándose en la fórmula $E = h v$. Según ella, la frecuencia "v" determina la energía de la luz incidente, y por lo tanto los electrones del metal adquieren más o menos energía dependiendo de la frecuencia (color), y no de la intensidad de la luz que se use. A cada valor determinado por la fórmula $E = h v$ se le puede considerar un "cuanto" de energía luminosa o "fotón". Al aumentar la intensidad, aumenta el número de "fotones", y cada fotón incide sobre un electrón. Por tanto, si aumenta la intensidad, aumenta el número de electrones arrancados, pero no su energía. La fórmula $E = h v$, que Max Planck introdujo para explicar la radiación de cuerpo negro, explicaba también el efecto fotoeléctrico, lo que indicaba que encerraba alguna verdad profunda sobre el mundo físico.

Curiosamente, el hallazgo de Planck no tuvo un impacto inmediato en la comunidad física, aunque se reconocía que explicaba correctamente la curva experimental de la radiación de cuerpo negro; parece ser que el propio Planck se pasó los siguientes años intentando encajar su hallazgo con la física clásica.

Pero fue Einstein, quien con la perspicacia y audacia que le caracterizaba, se tomó en serio el hecho de que la luz podía tener un comportamiento dual, presentando características de onda y de partícula, y consiguió explicar el efecto fotoeléctrico, y esto jugó un papel muy importante en que los físicos consideraran la cuantización de la energía como algo a tener en cuenta.

RUTHERFORD DESCUBRE EL NÚCLEO DEL ÁTOMO

La naturaleza eléctrica de la materia

Los primeros estudios de los fenómenos eléctricos y magnéticos, de los que ya hablamos, demostraban claramente la naturaleza eléctrica de la materia. Al igual que la gravedad y la luz, las fuerzas eléctricas y magnéticas brotaban de la materia en determinadas circunstancias. Las propiedades eléctricas de la materia también arrojarían luz sobre su estructura, y así se podrían combinar los resultados que se obtuviesen al estudiar las propiedades eléctricas, con los de la teoría atómica.

Se descubrió, ya en tiempo de Faraday, que una corriente eléctrica podía separar los átomos componentes de las moléculas de una sustancia. Eso sugería que el enlace atómico era de naturaleza eléctrica. Este fenómeno se denomina "electrólisis". La pila de Volta ya indicaba que había relación entre fenómenos químicos y eléctricos, puesto que se generaba electricidad a partir de procesos químicos. Faraday experimentó con la electrólisis e hizo mediciones. Descubrió que para depositar en uno de los electrodos un mol de sustancia, se necesitaba siempre la misma cantidad de carga eléctrica, independientemente de la sustancia que fuera. Concretamente 96.500 culombios, en números redondos. Como ya vimos, en un mol de cualquier sustancia hay el mismo número de partículas, el Número de Avogadro. El número de Faraday (96.500 culombios), sugería que existe una cantidad elemental de electricidad, o carga eléctrica elemental. Si se supone que cada partícula transporta una unidad de carga, el número de Faraday debe ser igual al número de partículas depositadas en el electrodo (un mol), multiplicado por el valor de la carga elemental; o sea el número de Avogadro por la carga que transporta cada partícula:

96.500 culombios = Número de Avogadro x carga elemental

$$F = Na . e$$

Bastaría conocer el número de Avogadro para conocer el valor de la carga eléctrica elemental, o a la inversa , sabiendo el valor de la carga elemental , determinar el número de Avogadro. (En la actualidad se conocen los dos números con bastante exactitud).

Esta explicación de la electrólisis sugiere que un átomo neutro (no ionizado, no cargado eléctricamente) contiene una cantidad de carga eléctrica positiva y la misma cantidad de carga eléctrica negativa, siendo esta carga, siempre un múltiplo entero de la carga elemental. El átomo podría no ser indivisible, sino componerse de partículas con carga positiva y partículas con carga negativa. (La palabra "átomo" viene del griego, y significa "sin partes", o sea indivisible; a pesar de que la idea ha cambiado, la palabra se sigue manteniendo).

El modelo atómico de Thompson

Thompson sugirió que el átomo podría consistir en una esfera de carga eléctrica positiva en la que se encontraban incrustadas partículas más pequeñas de carga eléctrica negativa, o electrones, como si se tratase de un pastel de pasas.

El modelo nuclear de Rutherford

La radiación emitida espontáneamente por los elementos radiactivos fue sometida a campos eléctricos o magnéticos y resultó consistir en tres tipos de rayos, llamados α, β, γ, las tres primeras letras del alfabeto griego. Las partículas alfa se desviaban como si tuvieran carga eléctrica positiva (eran núcleos de helio). Las partículas beta eran de carga negativa (electrones), y los rayos gamma no se desviaban (eran ondas electromagnéticas). Rutherford lanzó partículas α contra una lámina fina de oro, y descubrió para su sorpresa que la mayoría la atravesaban, y solo unas pocas eran desviadas o rebotaban. La mayor parte atravesaban la lámina y eran detectadas al otro lado, como si hubieran atravesado átomos con grandes espacios vacíos. Las que rebotaban o eran desviadas, debían ser las que daban en los lugares donde se concentraba la carga, o en sus proximidades.

A partir de estos experimentos Rutherford propuso un modelo del átomo en el que la carga positiva estaba concentrada en un núcleo diminuto (cuyas dimensiones se pudieron estimar, y resultó ser muchísimo más pequeño que el tamaño del átomo), rodeado de los electrones girando alrededor. Se parecía a un Sistema Solar en miniatura. Sin embargo había una dificultad. Si se aplican las leyes clásicas del electromagnetismo, el electrón debería radiar al moverse en torno al núcleo, generando magnetismo al ser una carga en movimiento. Al hacerlo perdería energía (transmitiéndola al campo magnético generado), lo que haría que se acercase más al núcleo por la atracción eléctrica. Seguiría perdiendo energía, y finalmente, en un tiempo muy breve, se precipitaría contra el núcleo. El modelo de Rutherford explicaba la dispersión de partículas α, pero según la física clásica era inestable.

EL MODELO ATÓMICO DE BOHR

La Teoría cuántica "salva" al átomo: El modelo de Bhor

Niels Bohr pensó que la fórmula $E = h \nu$, que servía para explicar la radiación de cuerpo negro y también el efecto fotoeléctrico, podía ser la clave para evitar el colapso del átomo de Rutherford. La aplicación del electromagnetismo clásico no funcionó para explicar la radiación térmica de cuerpo negro, pues la fórmula de Rayleigh-Jeans predecía la llamada "catástrofe ultravioleta", que evidentemente no ocurre; la aplicación rigurosa del electromagnetismo clásico era también la que predecía el colapso del átomo de Rutherford; pero si la energía no puede tomar cualquier valor, el electrón en órbita no podría radiar de manera continua, como predecía el electromagnetismo. Probablemente esa limitación cuántica evitaría que se precipitase hacia el núcleo. El electrón no puede ir pasando por un rango continuo de valores de energía siguiendo una espiral continua hasta el núcleo. En lugar de esa espiral, Bohr conjeturó que habría ciertas órbitas "estables" en las cuales el electrón podría permanecer sin radiar energía en forma de magnetismo. Al recibir un fotón de energía $E = h\nu$, el electrón gana energía y pasa a una órbita superior. A la inversa, si el electrón emite un fotón, se deshace de una cantidad de energía de valor $E = h\nu$ y pasa a una órbita inferior. Al pasar de una órbita a otra el electrón realiza un "salto cuántico", de un estado energético a otro, No hay valores de energía intermedios puesto que la energía solo puede tomar los valores discontinuos permitidos por la fórmula cuántica. Por lo tanto en el modelo de Bohr no cabe pensar en el electrón recorriendo una trayectoria al ir de una órbita "estable" a otra. Más bien es como si el electrón desapareciese de una órbita y automáticamente apareciese en otra. Era un poco misterioso, pero en física ya estamos acostumbrados a eso. Como dijimos, la búsqueda de las leyes del Universo es como un viaje a territorio desconocido. Podemos llevarnos sorpresas y encontrar cosas que no nos parezcan "normales". Pero ¿por qué consideramos "normal" una cosa?; porque funciona según las normas a las que estamos acostumbrados. Pero al investigar en nuevos dominios las normas pueden ser otras. Si desde pequeños hubiésemos visto que las cosas "normalmente" aparecen o desaparecen, o desaparecen de un lugar y aparecen en otro, porque hubiésemos nacido en un mundo con esas propiedades, estaríamos acostumbrados a esas leyes o normas y no nos resultarían extrañas.. Según la teoría cuántica percibimos el mundo a saltos. En realidad no es tan difícil de entender . Cuando vamos a ver una película al cine, lo que vemos es una sucesión muy rápida de imágenes fijas que crean la "ilusión", o tal vez sería más correcto decir que generan en nosotros la percepción de movimiento continuo, sin interrupciones entre una imagen estática y otra. En realidad la pantalla permanece oscura tanto tiempo como el que permanece iluminada. Entre la aparición instantánea de un fotograma y la aparición instantánea del siguiente, hay un momento en que la pantalla está oscura. La proyección de una película es en realidad una proyección muy rápida de imágenes fijas; el proyector de cine, es como un proyector de diapositivas que pasa de una imagen a otra con mucha rapidez. Se solía decir que no percibimos los intervalos de oscuridad debido a la persistencia de la imagen en la retina, pero de acuerdo con la moderna neurociencia parece que son las regiones cerebrales encargadas del procesamiento de la información visual, las que, de alguna manera, "mantienen" la información contenida en cada fotograma estático, generando nuestra percepción de movimiento continuo y sin interrupciones. Según la teoría cuántica también percibimos la naturaleza a saltos, como una secuencia de percepciones discontinuas, igual que las películas. No nos damos cuenta del llamado "salto cuántico" debido al pequeñísimo valor de la constante h, que cuantiza la energía en valores discontinuos pero muy próximos entre sí (en otras interpretaciones de la teoría cuántica, posteriores a la original, se cuestiona si es apropiado hablar de "saltos cuánticos"; el "problema de la medida", lo que le ocurre a la "onda" cuando se hace una observación, si desaparece o no, y cómo debe interpretarse la mecánica cuántica, es todavía un asunto que se sigue investigando). Tal como entre un fotograma y otro de la película no hay nada sino oscuridad, según la teoría cuántica, en el mundo de nuestras percepciones no existen los valores intermedios de energía, ni los pasos intermedios que supuestamente debería recorrer el electrón al pasar de una órbita a otra. Esa supuesta trayectoria no existe, no se manifiesta. Las leyes de la naturaleza, según la teoría cuántica, son tales, que no permiten la aparición en el mundo físico, (el mundo que observamos, el mundo de nuestras percepciones) de ciertos valores de las variables que caracterizan el movimiento del electrón (u otra partícula). Por lo tanto podemos decir que en el mundo de nuestras percepciones (es decir, aquello que nosotros podemos observar o medir), esos valores no existen.

El concepto de trayectoria en teoría cuántica, aunque existe, tiene un significado diferente y más limitado que en la física clásica (aunque desde otro punto de vista quizá sería más correcto decir "más ampliado"). En realidad, según la física clásica también, cuando observamos y medimos la trayectoria de un móvil, lo que medimos es una sucesión de sus posiciones en intervalos de tiempo muy reducidos. Si no pudiésemos hacer las mediciones en intervalos de tiempo que consideramos "infinitesimales", la trayectoria también daría saltos: los valores de las posiciones sucesivas serían discontinuos. La física clásica supone que se pueden medir las posiciones en intervalos de tiempo infinitamente cortos, pero en la práctica no es así, aunque hay técnicas matemáticas que permiten, al menos en teoría, hacer cálculos sobre "trayectorias continuas" con el grado de aproximación y precisión que se quiera o se precise, el cálculo infinitesimal, que también es preciso utilizar en teoría cuántica, tal como es entendida hasta ahora.

No obstante la teoría cuántica parece ofrecer más perspicacia sobre el concepto de "movimiento". Nos conduce a un análisis cuidadoso de conceptos sobre la realidad que habíamos dado por sentado, tal como la relatividad nos dio más perspicacia sobre conceptos como "espacio", "tiempo", "masa" y "energía".

El modelo de Bohr y el espectro del hidrógeno

La luz que emite un material se puede descomponer por medio de un espectroscopio. Se hace pasar la luz por un prisma de vidrio, y se divide o fracciona. Por ejemplo la luz blanca se descompone en colores. Esto se debe a que, como ya vimos, cada color , al tener diferente longitud de onda, se desvía en un ángulo determinado al atravesar el prisma; cuando cada frente de onda entra por una cara del prisma formando un ángulo oblicuo con dicha cara, las diferentes partes de ese frente de onda van entrando en el material del prisma en tiempos ligeramente diferentes, y como la luz viaja a menor velocidad dentro del prisma, las partes del frente de onda que van entrando antes se van frenando primero que las que van entrando después; esto ocasiona el desvío. Cuando la luz sale por la otra cara del prisma, ya fraccionada o refractada, e ilumina o se proyecta sobre alguna superficie o pantalla, observamos lo que se llama un espectro de franjas de varios colores. Cada sustancia emite un espectro diferente, debido a que su constitución atómica o molecular es distinta a la de otras, y esto influye en los valores de sus frecuencias de emisión (así como en las de absorción), ya que tales frecuencias dependen de las distintas interacciones de la luz y otras radiaciones con las partículas que componen cada átomo o molécula (como vimos antes, las diversas frecuencias de las radiaciones entrantes y salientes que interaccionan con los electrones, determinan los valores de la energía absorbida y emitida de acuerdo con la fórmula cuántica, en la que el valor de la energía viene dado por la frecuencia multiplicada por la constante de Planck) . Esto resulta muy útil, por ejemplo para los químicos y los astrofísicos, puesto que se puede deducir la composición de un objeto (los átomos o moléculas que lo constituyen), analizando la luz que emite. Bohr aplicó su modelo del átomo al elemento más sencillo, el hidrógeno, puesto que solo contiene un electrón, y el modelo predijo correctamente las líneas o bandas observadas en el espectro. Cada línea corresponde a una frecuencia emitida por el átomo, al efectuar una transición de un estado energético a otro. Sin embargo, una observación más afinada del espectro del átomo de hidrógeno, reveló que cada línea se componía de varias líneas muy próximas entre sí. Eso indicaba más niveles de energía posibles para el electrón en el átomo. Aparecieron más líneas aún al someter al átomo a un campo magnético: Para explicar esas nuevas frecuencias se amplió el modelo original de Bohr. En primer lugar se supuso que podrían existir órbitas elípticas, y no solo circulares; en segundo lugar tal vez la órbita podría tomar diferentes orientaciones espaciales; además el electrón podría girar en torno a sí mismo en dos sentidos distintos. Así, se imaginaron más grados de libertad para el electrón, lo que redundaría en más posibles estados energéticos, y eso podría explicar las nuevas líneas observadas en el espectro; las órbitas elípticas, por ejemplo, implicarían que la distancia del electrón al núcleo variaría al recorrer la órbita (como en el caso de los planetas al girar en torno al Sol); para cada distancia la atracción eléctrica sería distinta, y por tanto cambiaría la velocidad y energía cinética del electrón; por otro lado, al ser una carga eléctrica en movimiento se puede considerar al electrón como un pequeño imán, pues una carga en movimiento genera magnetismo; al someterlo a un campo magnético, tanto la orientación espacial de la órbita con respecto al campo magnético, como su supuesto sentido de giro en torno a su supuesto "eje", influirían también en los valores de la energía de origen magnético debida a la interacción entre el campo magnético aplicado y el propio magnetismo generado por el electrón, ya que la fuerza magnética, al igual que otras fuerzas, es una magnitud vectorial, y por tanto su orientación (en este caso con respecto a la orientación del campo magnético aplicado) influye en el efecto que tendrá dicha fuerza, y por tanto en la energía que se obtendrá al aplicarla. De modo que se podía caracterizar el estado del electrón en el átomo por medio de cuatro números, llamados números cuánticos, que determinaban sus posibles grados de libertad, y por tanto sus estados energéticos.

EL PRINCIPIO DE EXCLUSIÓN DE PAULI Y LA TABLA PERIÓDICA

Wolfgang Pauli propuso el llamado "principio de exclusión", según el cual, en un átomo no puede haber dos electrones con los mismos números cuánticos, o sea, en el mismo estado energético; de modo que en átomos con varios electrones, estos deben irse organizando y escalonando en los diferentes niveles energéticos permitidos. Esta resultó ser la explicación de la Tabla periódica. Los elementos con propiedades químicas parecidas tienen el mismo número de electrones en su última capa. Si el átomo de un elemento no tiene suficientes electrones para completar todos sus niveles energéticos permitidos, tenderá a captarlos de otros átomos, debido a la tendencia de todos los sistemas físicos a conseguir un estado de energía equilibrado y estable (por ejemplo, si aplicamos una fuerza para estirar una goma, está tendrá más energía debido a que está más tensa, pero si la soltamos su tendencia será la de deshacerse de esa energía adicional y volverá a su estado natural de menor energía). De modo que habrá átomos que se mantendrán unidos por medio de compartir electrones, formando así una molécula en la que cada átomo componente, usando un lenguaje metafórico, no se "sentirá tenso", por decirlo así (como en el ejemplo de la goma), al encontrarse la molécula en un estado estable natural de energía, estado en el que no se encontraban los átomos componentes antes de asociarse para formar la molécula. Eso explica el por qué del enlace químico, mediante el cual los átomos se unen o asocian para formar moléculas. Los elementos químicos con sus niveles completos, como los gases nobles o inertes, no son químicamente activos y no tienden a formar compuestos; se mantienen estables. Otros elementos son muy activos químicamente porque necesitan asociarse con otros átomos para completar sus niveles de energía permitidos. De hecho, los gases nobles ocupan una sola columna de la tabla periódica, pero la mayor parte de los elementos de ésta son activos químicamente, en mayor o menor grado. Eso permite la formación de una cantidad inmensa de moléculas distintas con diferentes propiedades, y da lugar a que haya mucha actividad química; y eso genera gran cantidad de procesos naturales de cambio, y los importantes procesos de la vida misma; la digestión , por citar un ejemplo, implica una cantidad considerable de reacciones químicas que proporciona a los seres vivos la energía que necesitan, y los materiales estructurales que regeneran sus organismos; toda la actividad celular es posible debido a reacciones químicas; de hecho se podría quizás decir que consiste en ellas, así como todo el funcionamiento coordinado de los diferentes órganos que componen a los seres vivos. De modo que sin reacciones químicas no habría vida, tal como la conocemos, ni otros procesos naturales; sería como si todo estuviese "congelado".

MECÁNICA CUÁNTICA I : Las matrices de Heisenberg

La nueva mecánica cuántica

A medida que hubo que ir añadiendo nuevas ideas al modelo original de Bohr, para ajustarse a los hechos experimentales, los físicos fueron pensando que tal vez lo que se necesitaba era una reformulación total de la mecánica. Después de todo, Bohr solo utilizó la fórmula $E = h \nu$, y la cuantización del momento angular. Pero en cierto modo, su modelo era una mezcla de esas ideas cuánticas con ideas de la mecánica clásica: Ya que la energía es una magnitud derivada, que se obtiene a partir de otras más fundamentales, como la longitud y la velocidad, tal vez modificando de la manera correcta las magnitudes fundamentales, de forma que al llegar a la energía se obtuviese la fórmula $E = h \nu$, se conseguiría comprender la razón oculta que hay tras la fórmula cuántica. Se necesitaba por lo tanto una nueva mecánica, una mecánica cuántica.

Las matrices de Heisenberg

Werner Heisenberg, era uno de los que trabajaban en dilucidar los problemas del modelo atómico de Bohr. Se convenció de la necesidad de construir una teoría que se basase solo en las magnitudes observables. Las órbitas estacionarias o estaciones en las que el electrón en el átomo no radiaba, no eran observables. En realidad lo único que observamos del átomo son las frecuencias e intensidades del espectro que emite. De modo que Heisenberg se propuso descubrir las reglas matemáticas que relacionasen las variables fundamentales que caracterizan el movimiento del electrón, su posición y su velocidad, con las frecuencias observadas. Obtuvo los valores experimentales de las frecuencias que eran emitidas o absorbidas cuando los átomos pasaban de un estado energético a otro y dispuso en forma de tabla tales valores para las transiciones entre estados; a partir de ahí, considerando el átomo como un simple oscilador, y después de mucho trabajo, dedujo a partir de las tablas de valores experimentales, las reglas matemáticas que había que utilizar para calcular todas las posibles transiciones.

Cuando finalmente los cálculos encajaron, se podían calcular las frecuencias observadas operando con esas tablas (por ejemplo, utilizando una tabla numérica o matriz para los posibles valores de la coordenada de posición, y lo mismo para otras variables, y operando entre ellas). Max Born y Pascual Jordan descubrieron a partir del trabajo de Heisenberg lo que se llamó "la relación mecano-cuántica fundamental":

$$p\, q - q\, p = h\, /\, 2\pi\, i$$

donde p es la matriz (o tabla numérica) de momentos, que da las posibles velocidades del electrón (p = m v), q es la matriz de coordenadas, h es la constante de Planck, e i = $\sqrt{}$ - 1. El producto p q no es conmutativo, porque p y q no representan aquí números normales, sino tablas numéricas o matrices.

A partir de esa relación fundamental de coordenadas y momentos se llegaba a la fórmula correcta E = h ν.

MECÁNICA CUÁNTICA II: Las ondas de De Broglie

La idea de De Broglie

Estaba ya muy claro que la fórmula E = h ν tenía que ser tomada en serio como una ley de la naturaleza. Cuando Einstein la utilizó para explicar el efecto fotoeléctrico, introdujo la noción de una especie de naturaleza dual de la luz; cada cuanto de energía transmitía su energía a un único electrón, que era considerado como una partícula puntual clásica, con una posición bien definida en el espacio; esto daba la idea de que cada cuanto de energía luminosa poseía en ese momento también una posición puntual bien definida, como si se tratase de una "partícula de luz" o "fotón"; pero al mismo tiempo, la fórmula contenía un término para la frecuencia, que es una propiedad característica de las ondas, de los procesos ondulatorios y oscilatorios; no se podía cambiar la fórmula eliminando ese término, pues precisamente la frecuencia (color) de la luz, era la que determinaba la energía que se transmitía al electrón, y concordaba con los resultados experimentales sobre el efecto fotoeléctrico; por supuesto se podía pensar que tanto el electrón como el fotón eran partículas puntuales que oscilaban, pero que en el momento de intercambiar energía coincidían en una determinada posición; de hecho la idea que se tenía entonces (puesto que no se conocía la estructura interna del átomo), era que, o bien el propio átomo, o "algo" en él, tenía que estar oscilando, dando origen a la luz y otras radiaciones que brotaban de la materia. Anteriormente había habido un debate histórico sobre si la luz consistía en "partículas" o en "ondas", pero para ese tiempo, se consideraba bien establecido que la luz consistía en ondas electromagnéticas; no solo se habían hecho experimentos en los que se cruzaban haces de luz y se producían fenómenos evidentes de interferencia, típicos de las ondas, sino que la teoría de Maxwell del electromagnetismo predecía claramente la generación de ondas electromagnéticas, cuya velocidad era justamente la velocidad de la luz. La explicación del efecto fotoeléctrico por medio de la fórmula $E = h\nu$, ahora parecía indicar que la luz mostraba un comportamiento dual, con características tanto de onda como de partícula.

Entonces Louis De Broglie propuso que, por razones de simetría, las mismas fórmulas tal vez podrían aplicar no solo a la luz, sino también a otras manifestaciones energéticas, como el electrón; de ser así, si la fórmula $E = h\nu$ se aplicaba, no solo a la radiación emitida y absorbida, sino también a la materia (en este caso, al electrón), habría que asociar una frecuencia al electrón. En ese caso, este podría también manifestar características ondulatorias, como la luz. De Broglie entonces realizó unos cálculos matemáticos sencillos, usando las dos fórmulas de la energía:

$$\text{``}E = h\, \nu \text{''} \text{ y ``}E = m\, c^2\text{''}$$

Si fuese cierto que estas dos fórmulas aplicaban igualmente tanto a la materia como a la radiación, y ambas podían manifestar características tanto de onda como de partícula, las dos expresiones se podrían igualar (de acuerdo con el principio de conservación de la energía), pues se las podía considerar dos maneras distintas de calcular el valor de la energía de todas las entidades que manifestasen tal dualidad "onda-partícula".

Igualando las dos expresiones de la energía obtenemos:

$$h\, \nu = m\, c^2$$

En el movimiento ondulatorio la longitud de onda nos indica el espacio recorrido por la onda en cada ciclo y el periodo es el tiempo invertido en completar un ciclo.

De esas dos magnitudes calculamos la velocidad de la onda:

$$\text{velocidad} = \text{espacio/tiempo} = \text{longitud de onda/periodo}$$

pero ya sabemos que el periodo es el inverso de la frecuencia:

$$\nu = 1/t$$

de modo que:

velocidad = longitud de onda / periodo = longitud de onda x frecuencia = $\lambda\, \nu$

En la fórmula $h\, \nu = m\, c^2$, c es la velocidad, por tanto aplicando la relación entre velocidad de la onda, longitud de onda y frecuencia, tenemos que:

$$c = \lambda\, \nu \text{ y } \nu = c / \lambda$$

de modo que:

$$E = h\, \nu = h\, (c / \lambda), \text{ por tanto } E = m\, c^2 = h\, (c / \lambda)$$

Despejamos de aquí la longitud de onda λ :

$$m c^2 = h (c / λ); \quad λ m c^2 = h c; \quad λ = h c / m c^2; \quad λ = h / m c$$

Pero si tenemos una partícula cuya velocidad es v en vez de c (que es la velocidad de la luz), entonces la fórmula será:

$$λ = h / m v$$

Se podía así asociar al electrón una longitud de onda. Esta idea suministraba una posible explicación de las órbitas permitidas de Bohr. Según la idea de De Broglie, las órbitas cuya longitud no permita encajar un número entero de longitudes de onda, se anulan debido al conocido fenómeno de interferencia entre ondas, como se ve el gráfico:

(Ver figura):

Órbita permitida: un número entero de longitudes de onda encajan en la longitud $2 \pi r$ de la circunferencia de radio r.

Órbita no permitida: Las órbitas interfieren consigo mismas y se anulan por interferencia destructiva.

Se obtenía así una explicación de la cuantización del momento angular que había sido postulada por Bohr. Como vimos, en el modelo de Bohr, no todos los radios estaban permitidos, de modo que había que suponer que el momento angular, el producto mvr, estaba cuantizado en unidades enteras de $h / 2 \pi$.

Expresado en forma matemática el supuesto que Bohr tuvo que introducir era:

$$mvr = n \times (h / 2 \pi)$$

siendo n un número entero. Sin embargo no se comprendía por qué era así; Bohr se basó para obtener la fórmula concreta e incluir en ella el término 2π, en datos experimentales obtenidos de los espectros.

La idea de De Broglie explicaba ahora la razón para el supuesto de Bohr: En la longitud de una circunferencia de radio r permitido, deben encajar un número entero de longitudes de onda. Por tanto tiene que cumplirse que:

$2 \pi r = n \lambda$, y como $\lambda = h / mv$, entonces $2 \pi r = n \times (h / mv)$, de donde $mvr = n (h / 2 \pi)$, que es el postulado de Bohr.

MECÁNICA CUÁNTICA III: La ecuación de Schrödinger y la formulación de Dirac

La formulación de Dirac, la mecánica matricial, y la mecánica ondulatoria.

En Inglaterra, Paul Dirac seguía con interés los avances en mecánica cuántica y desarrolló su propia formulación, una notación con una forma de álgebra semejante a la mecánica matricial o de matrices de Heisenberg. También en ella se obtenía como relación mecánico-cuántica fundamental, la fórmula:

$$p\,q - q\,p = h / 2\,\pi\,i$$

El físico austriaco Erwin Schrödinger, por su parte, desarrolló la mecánica ondulatoria. Esta es una extensión de las ideas de De Broglie sobre las ondas de materia, o sea, las posibles órbitas ondulatorias del electrón. Recordamos que la condición de De Broglie era que solo un número limitado de órbitas eran posibles: aquellas que contuvieran un número entero de longitudes de onda. Schrödinger pensó que esto, a su vez, conduciría a los valores cuantizados de la energía para concordar con la fórmula de Planck. Con eso en mente dedujo la forma que debería tener la ecuación de onda que describe al electrón.

La fórmula de la energía cinética es: $E = \frac{1}{2}\,m\,v^2$. Si multiplicamos el numerador y el denominador por m, la fórmula puede escribirse así:

$$E = \frac{1}{2}\,m\,v^2 \cdot (m / m) = m^2\,v^2 / 2\,m = p^2 / 2\,m$$

Es corriente en física llamar a la ecuación de la energía "Hamiltoniano", y denotarlo por H. De modo que podemos poner:

$$H = (p^2 / 2m) + V$$

donde "V" es la energía potencial.

En física clásica H y p, pueden tomar cualquier valor. En física cuántica no. Ahora hay que determinar cómo hay que modificar p para cumplir con la condición de De Broglie. Recordamos que De Broglie estableció una relación entre longitud de onda, constante de Planck y momento lineal:

$$\lambda = h / m\, v = h / p, \text{ y } p = h / \lambda$$

De modo que el momento lineal p solo podrá tomar los valores permitidos por la condición de De Broglie, y en consecuencia la energía también tomará solo determinados valores: Esto ya nos permite ir comprendiendo la razón para la cuantización de la energía. Se trata de lo que los físicos y matemáticos llaman una "condición de contorno o de frontera". En este caso se trata del hecho de que una onda confinada en una región limitada del espacio, no puede vibrar u oscilar en cualquier modo, sino solo en aquellos que permitan encajar un número entero de longitudes de onda en el espacio en el que la onda está confinada; como vimos, cualquier otro modo haría que la onda se anulase por interferencia destructiva; lo mismo ocurre, por ejemplo con las vibraciones posibles de, digamos una cuerda de violín, ya que la cuerda está confinada en una región del espacio, al estar unidos al violín sus dos extremos.

En el estudio del movimiento ondulatorio, se llama número de onda k al número de longitudes de onda que caben en la longitud $2\,\pi$ de una circunferencia, de modo que se tenga que:

$$k\,\lambda = 2\,\pi \,;\, k = 2\,\pi / \lambda$$

Ahora relacionemos esto con la condición de De Broglie:

$\lambda = h / p$; como $k = 2\,\pi / \lambda$, podemos poner $k = (2\,\pi / 1) : (h / p) = 2\,\pi\, p / h$

y despejando de aquí el momento p tenemos:

$$k = 2 \pi p / h; \quad h k / 2 \pi = p$$

Abreviamos $h / 2\pi$, con el símbolo $\hbar$ (h, barra), y tenemos entonces que :

$$p = \hbar k$$

Ahora podemos usar esa expresión de p en la fórmula de la energía:

$$\hat{H} = (\hat{p} / 2\,m) + V = (\hbar k^2 / 2m) + V$$

Se coloca un acento circunflejo sobre H y p, para indicar que hemos "cuantizado" la fórmula clásica para la energía , o sea el Hamiltoniano; es decir la hemos modificado en la medida necesaria para que se cumpla la condición de De Broglie, y se obtengan a partir de ella los valores de energía permitidos por la teoría cuántica. Para ello, como se puede ver, hemos impuesto la condición de que el momento lineal p obedezca la fórmula obtenida por De Broglie: $\lambda = h / p$; Se llama entonces a esas expresiones para la Energía y el Momento, operadores cuánticos; En teoría cuántica cada magnitud que se puede observar o medir se asocia con un "operador". Como veremos después toda medición altera la función de onda, pues interacciona con ella originando cambios que no se pueden evitar.: Así, por ejemplo, la medición de $\hat{p}$, opera sobre la función de onda y la altera. La medición implica aplicar el "operador momento" a la función de onda. Una vez que se conoce la forma que debe tener dicho operador en la teoría cuántica, se puede construir con él la ecuación de onda.

En física clásica, la amplitud de una onda ε (x), se relaciona con el número de onda k por la ecuación diferencial:

$$(d^2 \varepsilon / dx^2) + k^2 \varepsilon = 0$$

Como en la teoría cuántica "$p = \hbar k$", y por tanto "$k = p / \hbar$" la ecuación sería:

$$(d^2 \Psi / dx^2) + (\hat{p}^2 / \hbar^2) \Psi = 0$$

y como $\hat{p}^2 = 2\,m\,(\hat{H} - V)$, sustituyendo obtenemos:

$$(d^2\,\Psi\,/\,dx^2) + (2m\,/\,\hbar^2)\,\hat{H}\,\Psi = 0$$

que, pasando términos de un miembro a otro, se puede escribir en la forma:

$$\hat{H}\,\Psi = -\,(\hbar^2\,/\,2\,m)\,(d^2\,\Psi\,/\,dx^2) + V$$

Así obtuvo una ecuación de onda que daba los valores correctos para la energía del electrón.

Schrödinger consideraba el electrón como una onda estacionaria alrededor del núcleo atómico, solo a distancias determinadas para permitir ondas estables de De Broglie.

Sin embargo, si el electrón era una onda ¿cómo explicar que apareciese como un punto localizado en la pantalla detectora, como si se tratase de una partícula?. Ahora el electrón presentaba las mismas características paradójicas que la luz: Había que considerarla como una onda electromagnética para explicar los fenómenos de interferencia y sin embargo parecía tener características de partícula localizada (fotón) al explicar el efecto fotoeléctrico. Además se descubrió que el electrón daba lugar efectivamente a fenómenos de difracción, como si de una onda se tratase. ¿Cómo explicar esta dualidad onda-partícula en la luz y en la materia?.

El principio de indeterminación y las ondas de probabilidad

Las diferentes formulaciones de la mecánica cuántica arrojaban los mismos resultados correctos sobre los valores de la energía del átomo. Sin embargo, sus diferencias conceptuales eran patentes. Dirac demostró que la mecánica matricial y la mecánica ondulatoria eran matemáticamente equivalentes (Las soluciones que satisfacen la ecuación de onda de Schrödinger equivalen a los números tabulados en las matrices de Heisenberg). Como resultado de esto, es posible, como se suele hacer hoy, explicar la mecánica cuántica con resultados tomados de los dos esquemas.

Después de quedar establecida la mecánica cuántica, Heisenberg pensó en el significado físico que podría tener la relación mecano-cuántica fundamental:

$$p\,q - q\,p = h / 2\pi\,i$$

Imaginó un experimento mental en el que se preparase un dispositivo para medir la posición , la coordenada del electrón. Para poder "ver" donde está habría que iluminarlo, pero entonces el impacto del fotón de luz alteraría su velocidad o momento. Si intentáramos entonces reducir lo más posible el efecto del impacto podríamos iluminarlo con un fotón menos energético, de frecuencia menor. Pero eso significaría luz de mayor longitud de onda, y la posición no quedaría muy bien determinada. En cambio conoceríamos mejor su momento, porque la velocidad no resultaría tan alterada. De modo que no podemos conocer "al mismo tiempo" el valor exacto de ambas variables, con una precisión arbitraria. La medición de una altera el valor de la otra. Por este motivo, el orden en que se efectúan las mediciones altera el valor del resultado, y p.q no puede ser igual a q.p. Sin embargo es fácil comprender que esto no es simplemente una limitación experimental, que pudiera ser resuelta de alguna manera, sino una auténtica norma de funcionamiento o ley de la naturaleza. Sería más exacto decir que el electrón (y por extensión cualquier partícula), no tiene al mismo tiempo posición y momento, son magnitudes observables que no existen al mismo tiempo, no se manifiestan en el mundo de nuestras experiencias. Es oportuno señalar, a este respecto, que el principio de indeterminación fue descubierto después de establecer las leyes de la mecánica cuántica, leyes de la naturaleza que se remontan a la explicación de la radiación de cuerpo negro, la posterior explicación del efecto fotoeléctrico, y todo lo demás que hemos visto.

Esta indeterminación inherente al comportamiento del mundo físico, impone, como es lógico, limitaciones a lo que podemos decir sobre él. Por ejemplo, ya no podemos decir con certeza: "el electrón está aquí y se mueve a esta velocidad". Solo podremos afirmar que existe cierta probabilidad de que el electrón impacte en un punto de la pantalla detectora. Solo cuando lo haga sabremos la posición del electrón. Habremos efectuado, por decirlo así, una medida que alterará su momento. Antes de eso la posición del electrón estará tan indeterminada que solo podremos decir que podríamos encontrarlo en una región extendida del espacio, como si de una onda se tratase.

Max Born propuso que la intensidad de la onda en cada punto nos indica cuanta probabilidad hay de encontrarlo allí. Donde la onda es más intensa hay más probabilidad de encontrarlo.

En la nueva teoría cuántica, el electrón deja de ser considerado como partícula o como onda. Más bien es como un conjunto de valores de ciertas variables que resultan de nuestras posibilidades de medición o percepción. El electrón ya no se considera como una pequeña esfera. Según los físicos, una "partícula elemental" no es una "cosa" en su sentido habitual. Es más bien un "conjunto de relaciones", una manifestación de energía que según la manera en que nos relacionemos con ella, al medir o percibir, puede presentar determinados valores de variables a las que llamamos "masa", "carga", "espín" (giro), etc.

Las fórmulas de la teoría cuántica determinan el "conjunto de relaciones" posibles que se pueden dar en el mundo físico.

EL ELECTRÓN RELATIVISTA DE DIRAC Y EL PRINCIPIO DE EXCLUSIÓN

La mecánica cuántica se ha conseguido fusionar con la relatividad especial en lo que se conoce como "electrodinámica cuántica". En el espacio cuatridimensional de la relatividad son posibles más "giros" o "transformaciones" que en el tridimensional.

Esto da lugar a más niveles de energía; concretamente aparecen los valores que se necesitan para incluir el desdoblamiento de niveles de energía debido al espín del electrón. El "espín" del electrón aparece así automáticamente en la teoría cuántica relativista. Otra consecuencia de esa ampliación de la "geometría" es la predicción de la antipartícula del electrón (el positrón, o electrón positivo). Las antipartículas han sido detectadas posteriormente y forman la antimateria. Si se junta materia con antimateria ambas desaparecen y se convierten en energía pura (fotones).

Además esta descripción unificada de las interacciones entre electrones y fotones, teniendo en cuenta tanto la relatividad especial como la teoría cuántica, hace necesario un cambio de signo clave, que conduce a que los electrones cumplan el "principio de exclusión", que Pauli había introducido para explicar la Tabla periódica; en la fórmula relativista que relaciona la energía con el momento, la energía aparece elevada al cuadrado, de modo que al efectuar la raíz cuadrada da dos valores posibles, uno positivo y otro negativo; pero en la teoría cuántica hay que incluir en la "función de onda" todas las maneras en que puede ocurrir un proceso, de modo que se incluyen todas las permutaciones entre partículas, permitiendo la teoría , que al hacer los intercambios el signo cambie o permanezca igual; en el caso de partículas de espín semientero, como el electrón, hay cambio de signo y eso garantiza que la energía sea siempre positiva, y también que en la "función de onda" no pueda haber dos electrones con los mismos números cuánticos, o sea, en el mismo estado energético, cumpliéndose así el principio de exclusión.

De modo que aspectos como el espín y el principio de exclusión, que se introdujeron fundamentalmente para concordar con la evidencia experimental, de alguna manera parecen surgir como consecuencia de que las leyes relativistas y cuánticas deben ir juntas.

La supersimetría en la teoría de cuerdas

En el modelo de cuerdas, los fermiones (partículas de espín semientero) corresponden a cuerdas que oscilan en un sentido, y los bosones (partículas de espín entero), a cuerdas que oscilan en sentido opuesto; por tanto tienen distinto signo, y eso concuerda con los requisitos de la teoría cuántica.

El principio de exclusión requiere un cambio de signo al permutar dos fermiones en una "función de onda", de modo que no puede haber dos iguales, en el mismo estado cuántico, pues la _resta_ a la que da lugar ese cambio de signo reduce a cero la función de onda total, y el electrón relativista, como ya vimos, se adapta de manera natural a ese requisito, pues también se requiere un cambio de signo para garantizar que la energía sea positiva; los fermiones forman así los átomos de la Tabla periódica.

A su vez se requiere que los bosones _no cambien de signo_ en la permutación, de manera que no dan lugar a una resta, sino a una _suma_ en la función de onda, de modo que en vez de excluirse, tienden a agruparse en el mismo estado cuántico; eso permite que los fotones, por ejemplo, que son bosones, y son los cuantos del campo electromagnético, puedan agruparse para crear campos más intensos, y hace posible, entre otras cosas, el láser y sus aplicaciones.

¿POR QUÉ NOS PARECEMOS A NUESTROS PADRES?:
De las leyes de Mendel al ADN I

- Johan Gregor Mendel nació en 1822 en una familia de campesinos de Moravia, que entonces era parte de Austria y ahora forma parte de la republica Checa. Comenzó sus experimentos con guisantes cuando tenía 34 años. Era habitual que los que cultivaban plantas hicieran cruces e hibridaciones; pero Mendel hizo un estudio preciso sobre algunos de los caracteres más distintivos de las plantas que cruzaba, haciendo un recuento para determinar cómo se transmitían a la descendencia y así fue como descubrió que se seguían siempre unas reglas o leyes sencillas. Entonces no se sabía nada del ADN ni los cromosomas, pero estos descubrimientos fueron fundamentales para el desarrollo de la genética; los resultados de Mendel eran un indicio de que cada rasgo distintivo de la descendencia se debía a un "factor" interno (hoy llamado "gen"), presente en las células ováricas y polínicas, y que la descendencia de un cruce producirá a su vez óvulos y polen con las dos formas en igual número de cierto "factor". En 1901 Garrod descubrió que la alcaptonuria, una rara enfermedad metabólica que ennegrece la orina, se daba con mayor frecuencia en familias endogámicas, afectando a los hijos de matrimonios entre primos hermanos. Esto se podía explicar por las leyes de Mendel, suponiendo que los primos tuviesen el mismo "gen" anormal, y que este era recesivo, y por lo tanto no se manifestaba en los padres pero podía hacerlo en algunos de los hijos. Sutton descubrió en 1903 que los cromosomas están emparejados y que uno procede del padre y el otro de la madre; el número de cromosomas que había en las células del esperma y en los óvulos era exactamente la mitad del normal en las demás células, y Sutton sugirió que en los cromosomas podía estar la base física de la ley mendeliana de la herencia. Se descubrió también que una pareja de cromosomas era diferente en machos y hembras. A estos dos tipos de cromosomas se les distingue llamando a uno X y al otro Y. Las hembras siempre tienen la pareja XX y los machos siempre tienen XY; se les llama por tanto cromosomas sexuales, y es lógico pensar que es el material genético de estos cromosomas el que determina los rasgos que diferencian a machos y hembras. Alrededor de 1910 ya se había determinado que había diferencia entre los cromosomas de machos y hembras. Primero se detectó que las hembras poseían una pareja del tipo al que se llamó X, mientras que los machos parecían tenerlo desemparejado, aunque posteriormente se descubrió en ellos el cromosoma Y, que es más pequeño. Hubo un tiempo en que se creyó que el ser humano tenía 48 cromosomas en cada una de sus células; los cromosomas solo se ven al microscopio, durante un tiempo breve antes de la división celular, pero la mayor parte del tiempo forman un revoltijo llamado cromatina. En 1956, con la mejora de las técnicas de observación microscópicas, los suecos Tijo y Levan comprobaron que en realidad eran 46 (23 parejas). Las células de la médula ósea, que fabrican los corpúsculos rojos y blancos de la sangre, son las que se dividen con mayor frecuencia, y por tanto son idóneas para observar los cromosomas. Se las somete a una droga que detiene el ciclo celular en la fase más propicia y a continuación se aplican colorantes que tiñen los cromosomas para poder observarlos (los cromosomas no son visibles al microscopio si no se usa la tinción; la palabra "cromosoma", "cuerpo de color" en griego, alude a que se observan coloreados debido a la tinción; el uso de tinciones es frecuente para hacer observaciones con microscopio; Santiago Ramón y Cajal también usó una tinción recién descubierta para observar las neuronas e hizo los primeros dibujos de ellas; las sustancias usadas para hacer visibles diferentes estructuras microscópicas, dependen de lo que se quiera observar, pues deben tener la estructura química adecuada para unirse a los objetos bajo estudio) .

Hacia 1910 Thomas Hunt Morgan empezó a estudiar la genética de la mosca del vinagre, ideal para este tipo de estudios porque cría varias veces al año produciendo cientos de descendientes. Pudo observar que algunas, a las que llamó "mutantes", exhibían rasgos anormales. Una de esas mutaciones o cambios consistía en tener los ojos blancos en vez de rojos, que era lo normal, de modo que el gen responsable de producir el pigmento rojo estaba roto o mutado. Se daba solo en machos y Morgan concluyó que el gen responsable se hallaba en el cromosoma X, puesto que carecen de un segundo cromosoma X que contenga un gen para el color de los ojos que compense al gen defectuoso. Después se descubrieron otras mutaciones también ligadas al sexo, que se heredaban juntas como un grupo, lo que sugería que iban juntas en el mismo cromosoma. Pero entonces se observó que al pasar de una generación a otra había pares de mutaciones que se separaban a veces. Esto podía deberse a que los dos miembros de un par de cromosomas intercambiaban material genético entre sí. Al microscopio se observa que antes de la división celular, los cromosomas de las células germinales están enroscados unos con otros y en ese momento tal vez podrían intercambiar material genético, dando lugar a una recombinación. Un estudiante de Morgan, A. H. Sturtevant descubrió que había pares de mutaciones que se separaban más frecuentemente que otras y llegó a la conclusión de que unos genes estaban próximos y otros más separados, de modo que estos estudios podían servir para determinar el orden de los diferentes genes en el cromosoma e ir elaborando así un "mapa" genético. Con el tiempo se fueron desarrollando otros métodos que han hecho posible cartografiar la totalidad del genoma. En los seres humanos la hemofilia y la distrofia muscular son también enfermedades ligadas al sexo. El cromosoma X de los que padecen distrofia muscular carece frecuentemente de algunos fragmentos. Las personas con síndrome de Down tienen tres cromosomas "21" en lugar de dos, como es habitual. Pero la mayoría de enfermedades que pueden deberse a causas genéticas no consisten en la fractura de un cromosoma, sino quizá en la alteración de solo una o dos letras del código genético, lo que hace mucho más difícil la identificación de los genes responsables.

- **Las leyes de Mendel**
- 1- Ley de la uniformidad de la primera generación filial
- 2- Ley de la segregación de los caracteres en la segunda generación filial

Mendel cruzó plantas que diferían en un solo carácter (semillas rugosas o lisas): todas las plantas de la primera generación tenían semillas lisas, (carácter dominante de uno los padres). Cruzó plantas de esta primera generación por autofecundación: un 75% tenian semillas lisas y un 25% rugosas. Dedujo que los caracteres dependían de unos factores (llamados hoy genes) que se transmitían sin mezclarse. La explicación es la siguiente: Cada progenitor porta un factor para determinada característica y su progenie heredará ambos, pero uno de ellos es dominante y el otro recesivo, y el dominante será el que se manifestará externamente. Llamemos "A" al factor que origina el carácter dominante, que da lugar a semillas lisas en este caso, y "a" al que da lugar a semillas rugosas. Todos los guisantes de la primera generación contendrán el par "Aa", pero externamente se manifestará en todos "A", que es el dominante. Pero al cruzarlos en la segunda generación hay tres posibilidades: "AA", "Aa", "aa"; es decir 1/3 de ellos heredarán el "A" de cada progenitor, 1/3 heredará el "A" de uno y el "a" del otro, y 1/3 heredará el "a" de ambos progenitores; los que tengan "AA" tendrán sin duda semillas lisas, los que tengan "Aa" también tendrán semillas lisas porque "A" es dominante, pero los que tengan "aa" tendrán semillas rugosas. Las plantas lisas de la segunda generación no tendrían por qué ser iguales; 1/3 serían homozigotos y darían por autofecundación solo plantas lisas. 2/3 serían heterozigotos y por autofecundación darían una segregación.

- Por otra parte, si se cruzaba una planta de la primera generación con el padre homozigoto recesivo (Aa x aa), la descendencia de este cruce (retrógrado) daría ½ Aa y ½ aa, lo que comprobó experimentalmente. Sentó así las bases de la genética.

- ## ¿POR QUÉ NOS PARECEMOS A NUESTROS PADRES?: De las leyes de Mendel al ADN II
    - ### Moléculas orgánicas

Cuando se usaron los métodos de la química para analizar las sustancias que forman parte de los organismos vivos, vegetales o animales, se descubrió que eran mucho más complejas que las de la materia inanimada. Una característica común de estas sustancias es la presencia del carbono (cuando se quema materia orgánica, vegetal o animal, se carboniza, es decir, queda carbono como residuo de la combustión). El químico alemán Friedrich Kekulé definió, en 1861, la química orgánica (o química de la materia viva), simplemente como la química de los compuestos de carbono, aunque es cierto que algunos compuestos, que también contienen carbono, se consideran inorgánicos (carbonato cálcico y dióxido de carbono, por ejemplo). El conocimiento de la estructura atómica, y el avance de las técnicas de análisis químico, permitió ir descifrando la estructura de moléculas cada vez más complejas. El carbono tiene una valencia de 4, es decir la estructura de la última capa del átomo de carbono le permite enlazar con otros cuatro átomos. Esto le hace idóneo para formar largas cadenas. Para comprender el funcionamiento y las propiedades químicas de las moléculas, es importante saber, no solo el número de átomos de cada elemento que las compone, sino también la manera en que están dispuestos u organizados, la geometría de la molécula, por decirlo así. Para esto se introdujeron lo que se conoce como fórmulas estructurales; el químico escocés Archibald Scout Couper (1831-1892) sugirió representar la manera en que se enlazan los átomos en la molécula por medio de pequeños trazos. Las fórmulas químicas normales, o fórmulas estequiométricas, indican los átomos presentes en una molécula y el número de cada uno de ellos. Al enfrentarse al estudio de moléculas más complejas, resultó muy útil representarlas esquemáticamente, usando unos guiones para simbolizar los enlaces de unos átomos con otros, indicando así la forma en que están dispuestos en la molécula.

- Este fue el primer paso, pero al descubrirse sustancias con los mismos átomos componentes pero diferentes propiedades químicas, se comprendió que esto podría deberse a que las moléculas son tridimensionales, y por tanto hay más posibilidades de orientación y organización. Una molécula puede contener exactamente los mismos átomos que otra, pero colocados de maneras diferentes en el espacio tridimensional, lo que explica la diferencia en las propiedades químicas.
- ¿A qué se debe que el carbono sea tan fundamental para la formación de las moléculas que componen la materia viva?. El átomo de carbono tiene cuatro electrones en su última capa,

justo la mitad de ocho, que constituirían una capa completa; de modo que no tiene ni demasiados, ni demasiado pocos. Esto lo hace idóneo para formar largas cadenas, pudiendo ser así lo que podríamos llamar la "columna vertebral" de las grandes moléculas que forman la materia viva. Puede formar simultáneamente cuatro enlaces químicos; si tuviera menos electrones exteriores podría formar menos enlaces; si tuviera más, a su capa externa le faltaría muy poco para estar llena, y su tendencia sería a llenar los pocos "huecos" disponibles. Cuatro está en el término medio para otorgar al carbono una capacidad máxima de enlace con otros elementos, incluyendo la posibilidad de formar enlaces con otros átomos de carbono. Incluso los átomos también pueden enlazarse formando anillos además de cadenas, posibilidad ésta que fue sugerida por Kekulé, para explicar las propiedades del benceno (anillo de benceno). El silicio, que está más adelante en la tabla periódica también tiene cuatro electrones en la última capa, pero contiene más capas llenas entre el núcleo del átomo y la parte exterior; debido a eso la influencia del núcleo en los electrones exteriores es más débil y los enlaces que estos pueden formar no son tan fuertes como en el caso del carbono.

- La teoría cuántica aún podía hacer más por ayudar a comprender las propiedades químicas y la estructura de los compuestos. En la antigua teoría cuántica los diferentes niveles energéticos que se manifestaban en las diferentes líneas del espectro emitido por el átomo, se fueron explicando como consecuencia de la forma de las órbitas, que podían ser elípticas además de circulares. El electrón en una órbita elíptica tendría una energía distinta. Habiendo más formas disponibles se podía dar cuenta de las líneas adicionales que aparecían en los espectros. Ya vimos que la concepción más moderna de la teoría cuántica arrojó más luz sobre el asunto, explicando los posibles estados energéticos del electrón, como una consecuencia lógica del tipo de leyes matemáticas que imperan en el mundo subatómico, en las que hay que tener en cuenta el principio de incertidumbre y donde apareció el concepto de ondas de probabilidad. En 1931 Linus Pauling utilizó la teoría cuántica y consiguió explicar el enlace químico, haciendo incluso cálculos sobre la fuerza de los enlaces que concordaban con los resultados experimentales. Recordamos que aunque Heisenberg no utilizó el concepto de "órbita" del electrón en su teoría matricial (se interesó solo en los resultados numéricos y las reglas algebraicas que los relacionaban), Schrödinger desarrolló el concepto de De Broglie de órbitas ondulatorias, y después se descubrió la equivalencia matemática entre los dos esquemas. Podemos hablar de orbitales atómicos y usar sus posibles estructuras permitidas por las reglas cuánticas, para calcular la energía de los enlaces atómicos; Pauling descubrió que las reglas cuánticas permiten la existencia de las llamadas "resonancias", estados energéticos que son una especie de combinación híbrida de los estados separados, y pueden crear enlaces más fuertes, al reforzarse las "ondas" por "resonancia". Debido a que la teoría cuántica calcula probabilidades, los estados "en resonancia" deben aparecer en los cálculos y, como hemos dicho los resultados concuerdan con los valores que se derivan de los experimentos. Así la teoría cuántica permite entender el enlace atómico y es un valioso instrumento para determinar la estructura de las moléculas.

- Primero se fueron descifrando las estructuras moleculares de las sustancias orgánicas más simples y se fue avanzando y acometiendo el estudio de moléculas cada vez más complejas, como los polímeros, polipéptidos, enzimas, proteínas y ácidos nucleicos.

- Los métodos son muy variados; por un lado están las técnicas de análisis químico, los resultados de reacciones conocidas hace tiempo, la electrólisis (separación de sustancias por medio de la corriente eléctrica), el uso del centrifugado que separa los átomos de diferente peso, la cromatografíía (diferentes sustancias son separadas al reaccionar con un tipo de papel), la electroforesis, que consigue algo parecido... etc. Por otro lado están los conocimientos de teoría cuántica que permiten determinar la forma de los orbitales atómicos, y por tanto saber cómo se pueden enlazar unos átomos con otros. Además está el examen con rayos X: el estudio de la difracción de rayos X al atravesar los átomos de una molécula permite deducir como están organizados los átomos. La espectroscopia, cuya importancia en el estudio del átomo ya hemos considerado, también juega un papel importante, ya que también cada molécula emite su espectro característico. Los resultados de todos estos métodos permiten construir modelos tridimensionales de la estructura de las moléculas de las diversas sustancias. Actualmente se cuenta con aparatos que emplean un fenómeno conocido como resonancia magnética nuclear, muy útil para conocer la estructura interna de la materia.

- A partir de ahí, la biología molecular ha descubierto muchas cosas sobre los complejos organismos de los seres vivos. Un enigma que ha intrigado durante mucho tiempo, es el asunto de la diferenciación celular. ¿Cómo es posible que de una sola célula original se origine un organismo completo con tantas clases de células diferentes?. Cada célula tiene una estructura distinta, que la hace idónea para el papel que tiene que desempeñar en el organismo. Aunque las primeras células que se forman de la original, por un proceso de división denominado mitosis, son muy semejantes, a medida que el embrión crece las nuevas células van siendo diferentes y se van especializando; hoy se sabe que la producción de estructuras diferentes dentro de una célula, como proteínas y enzimas especializadas, se debe a que no todos los genes, o secuencias de ADN codificantes, están activas al mismo tiempo; en cada fase del desarrollo se activan solo aquellas secuencias que construyen las moléculas que se requieren en cada momento, y eso va afectando a la estructura de las células que se construyen en cada etapa y todo va ocurriendo en el orden correcto, como si obedeciera a un programa. A su vez parece que las células se reconocen entre ellas, por medio de sus membranas celulares, y eso puede dar lugar a que las del mismo tipo se coloquen juntas, y además lo hagan en los lugares adecuados con relación a otras, para formar órganos y sistemas. También parece haber evidencia de que las células se comunican entre ellas por medio de mensajeros químicos, de modo que todo el organismo funciona como una unidad de complejidad impresionante.

- El organismo emplea diversos medios para conseguir la activación selectiva de los genes. Por ejemplo, algunos genes se desactivan porque ciertas sustancias químicas se sitúan encima de ellos o en sus proximidades, porque su estructura química encaja en la secuencia de ADN como la llave en una cerradura; al situarse allí los bloquean o desactivan. En cambio hay diversas enzimas cuyo diseño las hace idóneas para cortar el ADN por determinadas secciones, funcionando como si fueran unas tijeras químicas. La secuencia de ADN que se requiere en esa fase es copiada por un complejo molecular específico que puede permanecer anclado mientras se efectúa el copiado, a otra secuencia próxima al gen llamada "promotor". A continuación el ARNm (ARN [ácido ribonucleico] mensajero) copia la secuencia y la lleva fuera del núcleo celular. Entonces otro tipo de ARN, el ARNt (ARN de transferencia), transporta aminoácidos a una estructura que se encuentra en el citoplasma, el ribosoma, donde los aminoácidos (de unas veinte clases distintas) se van ensamblando en el orden que dicta la secuencia de ADN seleccionada. El orden es fundamental porque es el que determina la molécula que se va a construir (como por ejemplo una determinada proteína), y con unos veinte aminoácidos diferentes el número de ordenaciones posibles es enorme, pudiendo originar toda la variedad de moléculas con funciones muy específicas que constituyen el organismo.

Aunque todo el proceso es muy complejo, y por eso todavía hace falta mucha investigación, no cabe duda de que el asunto es hoy mucho menos enigmático de lo que era hace años.